閣下と孫の「生き物すごいぞ!」

福山隆

ワニ・プラス

まえがき

『香川照之の昆虫すごいぜ！』（ＮＨＫ）というテレビ番組に、二人の孫が夢中になっている。この番組は第1回目が２０１６年10月の「トノサマバッタ」に始まり、19年10月の「キリギリス」まで10回、２０２０年5月放送の特別編などを加えると、16回を数える超人気番組になっている。私の孫（長女の子供）である喜一と鶴子も、物心がつくにつれ『香川照之の昆虫すごいぜ！』の虜《とりこ》になった。

コンピューターゲームが子供たちの間で流《は》行《や》っている今日、昆虫・生き物をテーマにした番組に子供たちの人気が集まるのは意外な気もする。人気の理由は、人間自身が生き物であるからかもしれない。子供たちは、同じ生き物である動植物に対して、本能的に強い興味を覚えるのだろうか。

私の孫が、『香川照之の昆虫すごいぜ！』の虜になった理由は、ほかにもあると思う。それはジイジである私のせいでもあろう。

私の出自の最大の特異点は、「五島列島最北端の宇久島（２０３ページに地図掲載）という僻地で生まれ、育ったこと」である。島は文化からは遠い存在であった。ランプが電球に替わったのは、小学5年生の時（昭和33年）だった。初めて汽車に乗ったのは小学6年生で、長崎市に修学旅行に行った時のことだった。

ただ、その汽車は勢い良く煙を吐きながら走るわけではなく、駅で停車したままだった。私たちは、停車している汽車に体験乗車しただけだったが、本物の汽車に乗れたことで感激したものだ。

宇久島での少年時代は文物には恵まれなかったが、自然は極めて豊かだった。私の身のまわりには海、里山、小川、棚田、段々畑などがあり、多種多様な鳥、昆虫、海と川の魚、草木が溢れていた。

こんな出自のジイジだから、いつしか孫たちに少年時代に捕まえて遊んだ生き物の話をしたのだろう。孫たちは、ごく自然に生き物に対して格別強い興味を抱くようになった。そして、その興味は次第にエスカレートして、次々に興味の対象となる生き物——特に昆虫——を手に入れてくれるようにジイジに求めてくるようになった。ジイジはそれを難儀なことと思うどころか、むしろこの上ない喜びとして、都内をくまなく探し回るだけにとどまらず、時には他県にまでも遠征した。孫からの「虫捕りのお願い」のおかげで、ジイジの私は、期せずして少年時代の懐かしい思い出を蘇らせ、少年の日に戻ることができた。何と幸せなことか！

私は、孫からの「虫捕りのお願い」に応えるため、都内での捜索に奔走しているうちに、蝶、セミ、カブトムシ、ヤブキリなどの昆虫のみならずカモ、メジロ、ヒヨドリ、トカゲ、カナヘビ、ザリガニなど、さまざまな生き物がこの大都会・東京の劣悪な生息環境に適応して、したたかに生き、繁殖していることを知った。その様子を見ていると、僻地から出てきた私自身が、自然豊かな宇久島とは対極の大都会・東京で懸命に生きているさまと似ていることに改めて気づき、これらの生き物たちに限りない共感を覚えた。

　私はこれまで、地下鉄サリン事件、防衛駐在官など自衛官時代の回想、インテリジェンス、朝鮮半島問題、戦国時代の戦いなどをテーマに本を書いてきた。それは、私の経歴――元自衛官、在韓国防衛駐在官を含むインテリジェンス関連の職務――がそうさせたのだ。

　だが、これらの分野だけを書くことには飽き足りなかった。心の裡《うち》では、生き物にまつわる話を書いてみたいと思っていた。ある時、ワニ・プラスの佐藤寿彦社長に孫と虫捕りに興じた話をしたら、「福山さん、それは面白い。書いてみてくださいよ」と、思いがけないお言葉をいただいた。私は、心の中で「万歳」を唱え、小躍りしたものだ。

　古稀を過ぎる年になって、孫とともに生き物を探し、捕獲し、飼育し、観察してみて、改めて生命の意味、人生の意義、神と生命の関係などを考えるよすがを得た思いがする。身のまわりにいる生き物すべては、人間と同じ神の創造物である。私たち人間は、これら生き物に畏敬の念を持って、彼らから学ぶべきことが多いと改めて思った。

　神による天地創造と原初の人類アダムとイ

ブについて記述した旧約聖書の「創世記」によれば、神は人間だけを創造されたのではなくあらゆる動植物も造られたのである。地球は、人間だけの独占物ではなく、動植物を含むありとあらゆる生命体の共有財産なのだ。

昨今、強力な台風や温暖化の加速などの異常気象が日本のみならず世界を襲っている。また、昨年（2019年）末に中国で発生した新型コロナウイルスは、世界規模で人類に大きな災禍をもたらしつつある。それを招いたのは、直接的か間接的かの差はあれ、我々人間にほかならないのではないか。

我々人類は、これまでの「人間だけの地球」という思考から、「全生命体の地球」という思考にパラダイムを変換する時期に差し掛かっているのかもしれない。人間はもっと謙虚になるべきだ。この地球は、人間だけのものではなく、生き物すべての共有物なのだ。レイチェル・カーソンも警鐘を鳴らしたが、人間の我儘《わがまま》――環境破壊――には必ず天罰が下るだろう。

私が、孫を生き物との触れ合いに誘ったことは、そのような意味で意義のあることかもしれない。いずれにせよ、このジイジの私に孫たちと関わることができる至福の時間をもたらしてくれた生き物たちには、心から感謝している。

令和2年6月

福山隆

目次

第一章　蟲愛づる孫たち

第一話　生き物好きの孫たち

どうやら私の生き物好きが、隔世遺伝で孫の喜一と鶴子にも伝わったようだ。二人とも物心がつき始める頃からジイジである私が飼っている金魚や公園で見かける蝶、セミ、トンボなどの昆虫に強い興味を示すようになった。

無類の生き物好きを自任する私は、孫の様子を見て、嬉しくもあり、心配でもあった。心配する理由は、孫の両親——私の長女の可奈子とその婿の剛生《ごうき》——が、そのことを「良し」とするのか「嫌がる」のかわからなかったからだ。特に可奈子は、子供の時から虫が嫌いだったから、孫が虫に興味を示しても「ダメ、ダメ」と受けつけないのではと懸念した。

だが、心配は杞憂であった。孫に引きずられるかのように、剛生も可奈子も次第に虫が好きになっていった。特に可奈子は、今までの虫嫌いが嘘だったかのように「虫好き人間」に変わった。

それにしても、孫がこれほど可愛いものとは！　私は喜一と鶴子が生まれて、初めてそれを実感することができた。

元自衛官だった私の流儀で言えば、「孫は最高司令官のような存在」で、喜一と鶴子が望むことならどんな難しいことでも「イエス・サー」とばかりに何でも叶えてやろうという気になるのだから、不思議だ。

第二話　アゲハチョウ

初孫の喜一が、元将軍であるジイジの私に昆虫などの生き物の捕獲について「命令」を下すようになったのは、3歳の春のことだった。喜一は成長するにつれ、興味を示す生き物の対象が次第に具体的になってきた。最初に興味を示したのはアゲハチョウの幼虫だった。多分、図鑑か何かで見たのだろう。

喜一司令官のアゲハチョウの幼虫に対する興味は、すぐさまその母の可奈子参謀長に伝えられ、彼女から私に「アゲハチョウ幼虫の捜索・捕獲命令(第一号)」が携帯電話で指令された。

「ジイジ、喜ちゃんはね、アゲハチョウの幼虫が欲しいそうよ。私が、ネットで検索したら、その幼虫は山椒《さんしょう》や蜜柑《みかん》の葉っぱをエサにしているそうよ。喜ちゃんのためにも捕まえてちょうだい」

「わかった。喜ちゃんのためなら、何としても見つけ出すよ」

大都会でアゲハの幼虫を探す

可奈子にそう約束したものの、この自然の乏しい東京でアゲハの幼虫を見つけられる絶対の自信はなかった。そもそも、こんな大都会に生息しているものだろうかと訝《いぶか》った。私は、自宅界隈の山椒や蜜柑の木がある場所を思い出してみた。普段、関心がないから、山椒の木や蜜柑の木がどこにあるのかはすぐには思いつかなかった。人間は、何か特別な関心を持って対象を観察しなければ、ただ漠然とした認識・記憶しか残らないことを改めて思った。

私は、一人の斥候兵となって、自宅周辺を徘徊し始めた。頭の中の地図に、山椒と蜜柑の木の在り処についての情報が次第に記録されていった。意外だったが、この東京の至るところに山椒と蜜柑の木があることがわかった。何と、新宿や銀座の繁華街の道端にまで蜜柑の木が生えているのだ。人が植えたのか、捨てられた種から芽生えたのか。

会社勤めの私がアゲハチョウの幼虫探しができるのは、休日に限られていた。喜一からの指令を受けて10日ほど経ったある日曜日の朝、私はとうとう最初の幼虫を見つけた。練馬区立南田中児童館の庭にある山椒の葉の中を探していると、突然のことだったが、私はアゲハの幼虫の黒い目——眼状紋と呼ばれるもので、本当の目ではない——と視線をかち合わせてしまった。この幼虫は随分成長しており、サナギになる直前の段階のようだった。

その姿を子細に観察すると、チョウチョウの幼虫というよりも、確固たる個性を持った堂々たる別の生き物という感じがした。蝶といえば、成虫のステージの華やかな姿がもてはやされるが、蜜柑の葉を食べる幼虫もなかなか愛嬌があって可愛いものだ。

蝶の一生の中で、成虫は最も派手で美しく、生命の輝きが溢れているが、この姿は「最終形」で、やがて死を迎える儚《はかな》い運命にある。一方、幼虫は、空も飛べず、美しさも劣るが、何とも素朴で、次の素晴らしいステージ——成虫に脱皮——の直前で、輝く将来が待っている。

捕まえようとして指で触ると、突然鼻の先から数ミリのオレンジ色の2本の角をニョキッと突き出すと同時に、強烈な悪臭を放散し、私を驚かせた。悪臭と片づけるのは幼虫に失礼なので、敢えて言わせてもらえば、この匂いは、蜜柑や山椒の葉に含まれる揮発性の油脂の匂いにどこか似ていて、慣れると「珍奇な香水」と言えなくもなかった。

この匂いを発散するオレンジ色の角は〝臭角〟と呼ばれるもので、蜜柑や山椒の葉の色に似た皮膚でカモフラージュする以外に身を守る術《すべ》のないアゲハの幼虫にとってはかけがえのない〝自衛のための武器〟なのだろう。悪臭を利用する〝自衛方法〟はイタチの〝最後っ屁〟にも似ている。

司令官に作戦の成功を報告

私は、喜一の望みを達成できたことに大きな喜びを感じた。「ジイジ、ありがとう」と喜んでくれるだろうと思うと、すぐにスマホで撮影した「映像情報」を可奈子参謀長経由で喜一司令官に送信した。すぐに可奈子参謀長から、喜一司令官の「嘉尚《かしょう》の御言葉」とともに次の指令が来た。「明日、バアバが届けてほしい」、と。

幼虫をビニールの袋に入れ、エサになる山椒の小枝(葉つき)数本もいただいて、自宅に持ち帰った。水を入れたジャムの空き瓶に山椒の小枝を挿し、これを100円ショップで買ってきた虫籠の中に入れ、幼虫の育成室を作った。

翌日、妻が、虫籠に入れた幼虫を孫に持っていくと、司令官はたいそう喜んだという。私は、夕方帰宅後、その様子を妻から聞いて、まるで金鵄《きんし》勲章でももらったような気になり、ニンマリとしたのだった。

その後も一層、幼虫捕りに励んだ。週末だけでは飽き足らず、会社の昼休みには、近くの芝公園の中を捜索した。芝公園内には夏蜜柑、温州蜜柑、さらにはレモンの木やキンカンまであった。

芝公園では、夏蜜柑の葉を食べている1センチ前後の小さな幼虫が何匹も見つかった。私が、練馬区立南田中児童館の庭で最初に出会った幼虫はかなり成長していて、その体は滑らかな若草色の皮膚に覆われ美しい姿をしていた。それに比べ、芝公園の幼虫は、灰色をベースに白い縞のあるブツブツした感じの皮膚を持ち、〝鳥の糞《ふん》〟に似た醜い姿だった。

私が、自宅に持ち帰って育ててみると、〝鳥の糞〟からやがて滑らかな若草色の皮膚の幼虫に成長した。アゲハチョウの幼虫は、成長とともに体色が変化するのである。もちろん、幼虫はやがてサナギに、そして最終的には、蝶になるのである。幼虫が〝鳥の糞〟に擬するのは自己防衛のためなのだろう。

あまりにも幼虫捕りに熱を入れ過ぎて、泥棒と間違われたこともある。ある日曜日、自宅界隈で幼虫を探している時のことだった。とある家の塀の外から庭に生えた山椒をしげしげと見ていると、その家の主婦らしい人が出てきて、怪訝そうに尋ねた。

「あのー、何か御用でしょうか」

「ああ、すみません。実は、孫に頼まれて、アゲハの幼虫を探しているのですが、お宅の山椒の木にいないかと、見ていたところです。申し訳ございません」

察するに、婦人は、私の様子を見て、泥棒が下見をしているのでは、と思ったのかもしれない。私の言い訳を聞いて安心したのか、自分も一緒に幼虫を探してくれた。その後は、怪しまれることがないように細心の注意を払った。

童心に返り〝蟲愛《め》づるジイジ〟となる

自宅のベランダは、やがて、蜜柑の枝葉を挿したバケツやペットボトルが所狭しと並ぶようになった。一部は、バアバが定期便で喜一に持っていくが、やがて主客転倒して、私自身がアゲハの幼虫飼育にのめり込んでしまっていた。この傾向は、その後も一層顕著になった。私も子供心に返って、すっかり〝蟲愛づるジイジ〟になってしまったのだ。

このように、アゲハチョウの幼虫は、私に最愛の孫と関わりを持てるようにしてくれた。孫が、幼虫を捕ってもらうためにジイジを頼りにしてくれることは、何よりも嬉しかった。

私が届ける幼虫に孫が喜ぶ様子をバアバから聞くのは、至福のことだった。さらに言えば、孫を中心として、私と妻の真理子、娘の可奈子との絆も一層強くなった気がした。アゲハチョウの幼虫はすごいぜ、心から感謝だ！

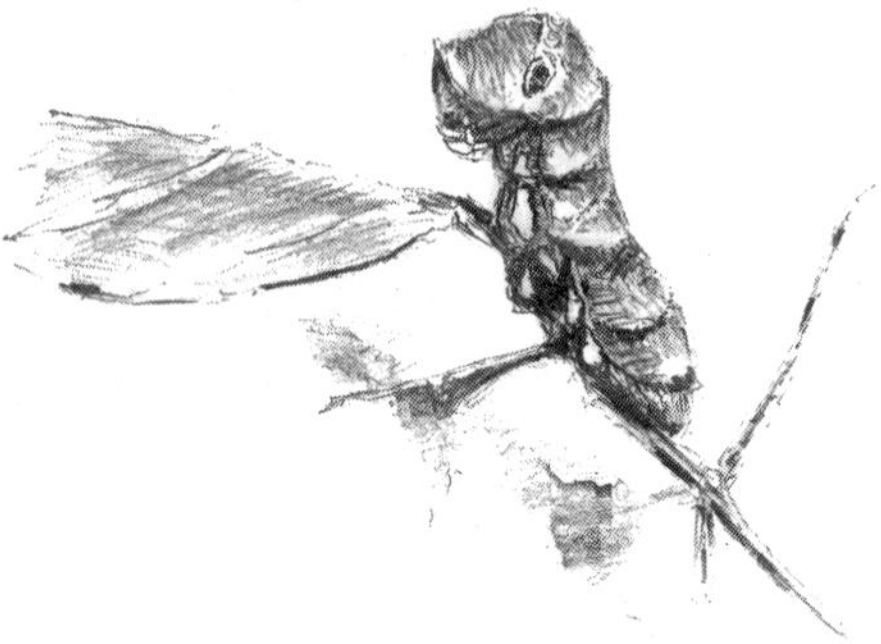

第三話　セミ

アゲハチョウの幼虫の捕獲・飼育と前後して、その年の夏から始まったのが、セミの幼虫の羽化を親・子・孫で観察する一大イベントだった。そのイベントは、その年以降も年中行事として続いている。

私の故郷・宇久島では、セミの主力はクマゼミだった。夏はクマゼミのせわしい大合唱が村の里山のあちこちから響いていた。そんな恵まれた環境の中だったが、村の子供たちには、夜間に土の中から這い出てくるセミの幼虫を捕まえて羽化する様子を観察する習わしなどなかった。

7月末のある日、参謀長の可奈子が、「ジイジ、今週末、喜ちゃんと泊まりに行くからね。喜ちゃんは虫の本に出ていたセミの幼虫の脱皮が見たいそうよ」と喜一司令官の御意向を伝えてきた。

セミの幼虫を難なくゲット

私は早速、宵の井草森公園に行ってみた。街灯の薄明りの中、ヤマモモ、イチョウ、梅、桜、ケヤキなどの木々の根元付近を探してみた。桜の木の根元に目を凝らすと、セミの幼虫が木肌に爪を立ててゆっくりと登っているのを見つけた。そいつは、私の接近に気づいて、難を逃れようとポトリと地面に落ちて草むらに身を隠そうとした。私は、それを拾い上げてビニール袋に入れた。わずか15分ほどで難なく数匹をゲットして自宅に持ち帰った。

驚いたのは、この大都会の小さな公園にすら、セミの幼虫がたくさんいたことだった。

早速、1匹ずつ部屋のカーテンの裾のほうから登らせた。灯りの中だったが、幼虫は木に登るのと同じようにカーテンの生地に爪を立ててゆっくりと登った。私の背丈ほどまで登るとそこで停止し、脱皮の準備に入った。私と妻は、目を凝らしてその様子の一部始終を観察した。

幼虫は、体を少し横に揺らせて、体がカーテンにシッカリと爪で固定されていることを確認しているようだった。間もなく、幼虫の背の部分が割れて白く透明なセミの体が殻の外に出てきた。まず上体の部分を殻から出して、次に6本の足を全部殻から引き抜いた後に、尻尾の部分だけで殻に繋がり、逆さ吊り状態になった。その後、グニャグニャした足が固まると、尻尾を支点にして上体を起こし、6本の脚で元の殻に捕まり、尻尾を殻から抜き出した。これで、脱皮は完了だ。

脱皮したばかりのセミは、羽が縮んでいる上に、全体が柔らかで飛ぶことなどできない。セミは脱皮後、自分の脱け殻に掴まったまま明け方まで留まり、体全体が固く丈夫になり、飛べるようになるのを待つ。

私は70歳近くになって、初めてセミの脱皮の様子を子細に観察した。セミは羽を下に引っ張る引力と羽の中に張り巡らせた極微な毛細血管のようなものに体液の圧力を加えて、まるでアイロンをかけるように上手に羽を伸ばしているように見えた。アブラゼミもミンミンゼミも脱皮直後はまるで〝妖精〟のように初々しく柔らかで、体も羽も色が希薄で透明な感じである。それが、時間の経過とともにまるでコンクリートが固まるように全身が強度を増し、固有の色に染まっていく。いたいけなセミの幼虫の〝命懸けの大事業〟に立ち会い、その神秘的な生命の営みを見て、私と妻は心の底から感動した。

「負うた子に教えられる」という諺を実感

私は、娘と孫に促されたおかげで、生まれて初めてセミの幼虫の脱皮を見る機会を得た。有難いことだと思った。セミの幼虫の捕獲と脱皮の観察は、「孫可愛さから、孫が喜ぶことなら何でもやる」というのが本当の動機だったが、実はそのことによって私自身に大きな〝収穫〟がもたらされたわけだ。それは、娘の可奈子にとっても同じだろう。私は「負うた子に教えられる」という諺の意味を実感した。

翌朝、カーテンに止まったセミを確認すると、アブラゼミのほうがミンミンゼミよりもはるかに多かった。もちろん、かわいそうなことに、せっかくの脱皮が失敗に終わり、死んだものもいた。

セミの幼虫は、数年も土の中で成長するという。そんなにも長い土の中での忍耐にもかかわらず、わずか数時間の脱皮に失敗するのは、本当にかわいそうだ。幼虫は脱皮に成功してこそ一人前のセミとなって、夏の太陽を拝め、木々の間を渡り歩いて樹液をたっぷりと吸い、オスは声高らかに歌い、メスはそのオスと恋をして卵を産み、次世代に命を繋ぐことができるのだ。

脱皮に失敗した幼虫は、時間の差こそあれ死んでしまう。私はそれを見て、「これも現実だから仕方がない」と受け止めた。問題は、そのことを喜一にどう説明するかだ。

なぜ、娘や孫より一足先にセミの幼虫の脱皮を観察したのか。その理由は、可奈子と喜一が自宅に泊まりに来る前に、リハーサルをやっておかなければ二人を満足させられないと思ったからだ。ジイジとしての私の責任感とプライドからだ。

待ちに待った週末、可奈子と喜一が泊まりに来た。私は、早速二人を連れて夕闇迫る井草森公園にセミの幼虫を探しに出かけた。私は、喜一を蚊の攻撃から守るために、フックつきの蚊取り線香皿を三つも腰に下げ、可奈子にも蚊除けスプレーを持たせた。

三人は一緒に公園の中を歩いた。私が、最初の幼虫を見つけて、それが木に這い登る様子を見せると、後は孫と娘に任せた。二人は懸命に幼虫探しに興じた。虫が好きなほうではなかったはずの可奈子が、喜一と競うように幼虫捕りに夢中になっている。娘と孫が幼虫捕りに興ずる姿を見るのは、私にとっては最高の喜びだった。

喜一はセミを見つけると「ジイジ、幼虫見つけ！」と叫んで、小さな指で上手に幼虫を摘まんだ。孫と娘が交互に夕闇の中で「ジイジ、幼虫見つけ！」と歓喜の声を上げた。可奈子は、私のことをパパと呼んでいたが、喜一が生まれて以降はジイジと呼ぶようになった。私は、二人が捕獲した幼虫を大切に虫籠に入れた。幼虫同士が傷つけ合わないように、虫籠の中に桜の葉を緩衝材として入れておいた。

孫たちとセミの脱皮を観察

20匹ほども捕ったので、三人は公園を後にした。帰宅すると、すぐに幼虫を居間と寝室の2カ所のカーテンに這わせた。すると前回同様、幼虫は一斉にカーテンを登り始めた。その様子は、まるで横一線に並んで100メートル徒競走をするかのようだった。幼虫たちは、私の背丈ほどまで登るとそこで停止して、脱皮の準備に入った。

可奈子と喜一はその間に風呂と食事をさっさと済ませた。いよいよ脱皮の観察だ。その日は、晩酌を後回しにして、喜一が脱皮の観察をするのを手伝うことにした。妻も含め、4人は居間と寝室を往来しながら20匹ほどの幼虫を子細に観察した。

「あ、背中が割れてきた」と可奈子が寝室で叫んだ。私は、喜一を抱っこして、幼虫を間近に見えるようにしてやった。「ジイジ、背中が出てきたよ」と喜一が興奮気味に言った。「こっちのも、背中が見えてきたよ」と居間から妻が甲高い声をあげた。今度は、4人が居間に集まった。いよいよ、前日にリハーサルで確認した通りの、セミの幼虫の一大脱皮イベントが始まったのだ。

脱皮の一連のプロセス――背中が割れて白い背中を出した後、上体が殻から出て、6本の足を全部殻から抜き出し、尻尾の部分で殻に捕まり、逆さ吊り状態になり、その後、グニャグニャした足が固まると、尻尾を支点にして体を起こし、6本の脚で元の殻に捕まり、尻尾を殻から抜き出す――が、次々と繰り広げられた。

喜一は、文字通り生まれて初めて見るセミの脱皮に終始興奮気味に見入った。私と妻にとっては、そんな孫の姿を見ることこそ、最高の喜びだった。時間はアッという間に過ぎ、夜の10時になった。本来なら、喜一はとっくに寝ているはずの時間なのだ。それでも寝たがらなかったが、言い聞かせて、何とか寝かしつけた。

私は喜一が寝た後に、可奈子と冷えた白ワインやビールを飲みながらセミ談義を続けた。老いた私たち夫婦の家が、こうして娘と孫の来訪で賑わうのは久しぶりのことだった。また、ともすればコミュニケーションが乏しくなりがちな娘の可奈子と、ワインやビールを酌み交わすことができるのも有難いと思った。

すべては、セミのおかげ。私たち——親・子・孫——の絆を強めてくれたのだった。

第四話　カブトムシ

アゲハの幼虫探しから1年後の春のことだった。最高司令官である喜一からのメッセージを、参謀長の可奈子が携帯電話で伝えてきた。

「喜ちゃんがカブトムシの幼虫が欲しいんだって。虫の本を見ているうちに、『ジイジに伝えて。カブトの幼虫が欲しい』と言うのよ」
「東京にカブトムシがいるのかなあ。ましてや、土の中の幼虫探しは自信がないよ」
「宇久島育ちのジイジなら見つけられるわよ。喜ちゃんが喜ぶわよ。ね、ね」

娘から「喜ちゃんが喜ぶわよ」と説得されると私も「イヤ」とは言えなかった。自衛隊の現役時代には、地雷探知機を用いて地中の地雷を見つける訓練をしたものだ。もしも、ドラえもんから「カブトムシ幼虫探知機」を借りることができれば、私も容易にカブトムシの幼虫を探せるのだろうが。

何でもまずはやってみることだ。

私は、手始めに、会社の昼休みを利用して近くの芝公園を探索した。少年時代に宇久島で、堆肥や腐葉土の中に白い芋虫を見つけた記憶が蘇った。

芝公園の片隅に刈草などを堆積して腐葉土を作る場所があった。そこに目をつけ、周囲を小枝で掘ってみると、いるわ、いるわ！次々に白い芋虫が出てきた。これがカブトムシの幼虫だったら、大発見だと思った。早速、可奈子に報告した。

翌日、可奈子は喜一と1歳になったばかりの鶴子を乳母車に乗せて芝公園にやって来た。妻の真理子も一緒だった。私は、可奈子と喜一を芋虫のいた場所に案内した。可奈子と喜一は歓声をあげて腐葉土の中から芋虫を掘り出してビニール袋の中に入れた。

その後、公園の芝生の上で弁当を開いた。鶴子はようやく立って、よちよち歩きができるようになっていた。

私は鶴子に、公園に咲き始めたタンポポを集めて花束を作り、それを持たせた。真理子がその様子を写真に収めた。後で写真を見ると、鶴子がタンポポの花束を握りしめて笑いながら一人で立っている。鶴子が文字通り自立した初めての写真だった。

その後私は、一人で会社に戻った。間もなく、可奈子からメールが来た。

「ジイジ、あの芋虫は、カブトムシの幼虫じゃなくて、カナブンの幼虫だわ。検索してわかったけど、カナブンの幼虫は背中を地面につけて『背泳ぎ』するの。あの虫たちは全部『背泳ぎ』したわ。カブトムシの幼虫は、お腹を下にして『クロール』するんだって」

私がネットで検索すると、やはり可奈子の指摘通りだった。カブトムシとカナブンの幼虫は同じ芋虫だが、匍匐《ほふく》前進の仕方が違うのである。虫については何でも知っていると自負していた私は愕然とした。「名誉挽回に、今度こそは、何としても、カブトムシの幼虫を捕ってみせるぞ」と心に誓った。

自衛隊式カブトムシ情報収集

私はその週末に、井草森公園の土の中を探してみた。見つかるはずもなかった。私は、自衛官時代、インテリジェンスに関わったので、そのやり方――徹底的に関連情報を集める――で、カブトムシについての情報を集めた。インターネットのサイトの中には、カブトムシに関する説明文や動画など十分な情報があった。徐々にカブトムシの知識が豊富になっていった。

私がカブトムシと出会ったのは、子供の頃だった。離島の宇久島にも少しだけだがカブトムシが生息していた。子供の頃に見た記憶が蘇ってきた。カブトムシはクヌギの木が好きだった。ただ、どのクヌギの木でも良いというわけではない。クヌギの木の中には、甘酸っぱい匂いのする発酵した樹液を出すものがある。私は、子供心に、「これは、クヌギの木が傷ついて血を流しているのだ」と考えていた。樹液を出す木は、「出血多量」にもかかわらず、まだ元気があった。元気だからこそ、多量の樹液が出せるのだ。だが、自《みずか》らの「血」を虫たちに与え続ければ、いずれ衰えて枯れる運命にあるのではないか、と子供心にも心配した。

少年の日の記憶は次々に蘇った。その樹液を出すクヌギの木には、匂いを嗅ぎつけて、カブトムシ、クワガタ、カナブン、クマバチ、ショウジョウバエ、ゴマダラチョウなどが群がっていた。また、これらの昆虫を狙って、ムカデ、ハラビロカマキリ、ヤモリまでもがやって来た。

昆虫の嗅覚は、猟犬よりもすごいのではないだろうか。樹液を出す木の傍で1時間ほど観察していると、これらのさまざまな昆虫が甘酸っぱい匂いを頼りに、風の中を漂いながら飛んできてクヌギの木にしつらえられた「食卓」の上に着陸するのだった。

あの一見不器用に見えるカナブンが、「樹液の泉」の場所を風に漂う微かな匂いをモニターしながら、林の中の枝をかいくぐって飛行し、風の強い日には風に流されて蛇行しながらも、ピンポイントで目的地にやって来る能力は驚異的だ。ほかの種類の虫たちも、それぞれが持っている〝嗅覚センサー〟をフルに使って、美味な食事にありつくのだ。

昆虫がこの食卓に群がるさまは〝食糧争奪の戦場〟という形容がピッタリだ。ワイワイガヤガヤと「樹液の泉」の周りを回り、競争相手を蹴落とそうとする。カブトムシ同士のレスリングや、カブトムシとクワガタの異種格闘も行われる。もちろん、オスとメスとの〝婚活〟の場ともなる。

「樹液の泉」では、アフリカ・タンザニアのセレンゲティ国立公園で繰り広げられるライオンの狩りに似た光景も見られる。乾季（7～9月、12～1月）に渇きを癒やしに泉に集まってくるシマウマやスイギュウをライオンが襲うように、ムカデやカマキリがクヌギの樹液の傍に待ち構え、集まる昆虫を狙うのだ。

私は少年の頃の記憶を手掛かりに、カブトムシの幼虫はクヌギの木が多い場所にいるはずだと結論づけ、次第に捜索範囲を絞り込んでいった。クヌギの木が何本も生えた公園を見つけ、堆積した落ち葉が腐葉土になっている場所が「宝の在り処」なのだと考えた。

ついにカブトムシの幼虫を発見！

私は、それに当てはまる寺前水公園（「秘密」のため偽名）に行き、クヌギ林を散策し、落ち葉が堆積した場所をスコップで掘ってみた。掘り始めてすぐに、ゴロッとした感触で、大きな白い芋虫が土の中から出てきた。これまで見たカナブンの幼虫とは比べものにならないほどの巨大な幼虫だった。地面に置いてみると、まぎれもなく腹を下にして「クロール」を始めた。私自身、こんな大きな芋虫を見るのは初めてだった。カナブンの幼虫とは格の違いが歴然としていて、「これこそまぎれもなくカブトムシの幼虫だ！」と確信した。

その場所で幼虫を数匹も捕まえた。早速、

スマホで写真を撮り、LINE(ライン)で可奈子に送った。

「寺前水公園でカブト幼虫6匹ゲット。今度は本物。クロールしている」

すると、可奈子から、「サンキューべりまっちょ」という文字がついいた、眼鏡をかけたハゲ爺さんが踊るスタンプが送られてきた。続いて、「喜ちゃん大喜び。明日バアバに預けて」というお決まりのメッセージが来た。

カブトムシ育成キットを購入

私は、帰宅するとすぐに新宿の百貨店に向かった。最上階のペットショップでカブトムシの幼虫用のマットを買った。マットは、天然広葉樹材に発酵菌を添加し、長時間発酵熟成させたもので、カブトムシの幼虫のエサとなり、寝床ともなるものだ。私は、家に戻って、オガクズのようなマットを数個の水槽に入れ、一つの水槽に幼虫を2匹ずつ入れた。

翌日、妻が車で水槽を孫に届けた。私は妻から、喜一がカブトムシの幼虫をマットの中から掘り出して、摘まんで遊ぶ様子を聞いた。喜一も可奈子も、幼虫がお腹を下にして「クロール」する光景を、飽きもせず満足げに眺めていたという。それを聞いて何とも言えない満足感に浸ったものだ。

私は、自分でもカブトムシの幼虫を飼育するために、さらなる幼虫捜索を行った。今度は、東海森公園(やはり偽名)が舞台だった。寺前水公園での経験で、カブトムシの幼虫がいそうな場所はすぐにわかった。

私は、公園内の落ち葉や剪定した樹木を集めている場所に着目した。落ち葉や木の枝が堆積した小山の周辺をスコップで掘ってみた。するとすぐにカブトムシの幼虫が見つかった。幼虫はたくさんいたが、私は数匹捕っただけで止めた。

この大東京の過酷な環境の中で懸命に命を繋ぐカブトムシの幼虫を、根こそぎ捕ることは控えるべきだと思った。幼虫を際限なく採取することは、この大東京にも広がりつつある自然——動物と植物の営み——を、私自身が破壊することになると思ったからだ。

傲慢かもしれないが、「1000万都民の中で、『宝物』の在り処を知っているのは、自分だけだ」と思った。

私は、自分が「宝物」の在り処を知っていることに、何かしらの恐れと責任感を感じるようになった。東京の自然は脆弱なのだ。ある公園のカブトムシを捕り尽くせば、それはその公園においては「絶滅」に繋がる。私は、せめてもの償いとして、飼育したカブトムシが産卵したら、幼虫を都内の公園の腐葉土の中に戻してやろうと思った。

幼虫は、6月以降にはサナギになる。サナギには2段階あり、最初の段階を前蛹《ぜんよう》という。そして前蛹を経てサナギになる。サナギは脱皮してカブトムシになった。私も、可奈子と喜一の親子も、幼虫がマットの中に丸い空間を作ってその中でサナギになり、やがてカブトムシに脱皮する様子を興味深く観察した。

成虫が生まれると、今度はその世話と観察に明け暮れることになった。私の少年時代、宇久島ではスイカの食べ残しをカブトムシに与えていたが、今では100円ショップで専用のゼリーはもとよりその食卓になるクヌギの木――中央にゼリーのカプセルが収まる窪みが彫ってある――までもが買える。カブトムシが「市場」を形成する時代なのだ。

ある時、可奈子が私に「喜ちゃんを公園の樹液の出るクヌギの木の在り処に連れていって、自然のカブトムシを見せてほしい」と言い出した。私は、東海森公園に喜一を連れていき、藪を掻き分けて樹液の出るクヌギの木の在り処に案内した。

「ほら、これがクヌギの木。そこにカナブン、カブトムシ、クワガタがいるだろう。樹液を吸っているんだよ」

スズメバチの乱入に怖がる孫

喜一は興味深げに見入った。その時、ブーンという羽音がして、2匹のスズメバチが飛んできて、樹液の出る木に止まった。

「喜ちゃん。あれが、スズメバチだよ」

私がそう言った途端、喜一は「ギャー、怖い、ジイジ逃げて」と叫ぶなり、私の背中にしがみついてきた。私が、「スズメバチは巣にいる時にしか人を襲わないよ。大丈夫だよ」と言っても喜一は「逃げて、逃げて、怖い」と絶叫し続けた。私は、藪を掻き分けて退散した。

喜一がスズメバチを怖がる理由がわかった。2週間ほど前に、北の丸公園で遊んでいた時に、母親の可奈子がアシナガバチに刺されたことがあったという。ハチから刺されると、アナフィラキシーショックを起こす恐れがあるため、すぐに救急車で病院に行ったそうだ。その時の記憶で、喜一はスズメバチを恐れたのだった。

私と、可奈子・喜一・鶴子の親子の、カブトムシとのおつき合いは今も続いている。それは、卵、幼虫、サナギ、成虫と、1年を通して続く。カブトムシも私と娘の可奈子、そして最愛の孫の喜一と鶴子との絆を紡いでくれる大切な昆虫となった。

第五話　キリギリスとヤブキリ

宇久島で過ごした子供の頃、キリギリスとヤブキリは私の周りに溢れていた。自宅周辺の野や畑はもとより、小学校の花壇や通学する路傍の草むらの中にまでたくさんいた。

私は、小学校の10分ほどの休み時間にも教室を飛び出して、学校の傍にある畑の畔にいるキリギリスとヤブキリの採取に励んだものだ。ほかの子供たちは誰一人として興味を示さなかったが、なぜか私だけが夢中になった。「なぜ夢中になるのか？」と問われても説明のしようがない。ただ、無性に好きなのだった。

天気の良い日は、キリギリスとヤブキリはカラムシやフキの葉の上で体を横にして日光浴をしている。両方とも跳躍力があるので、そっと手を伸ばして一気に掴むのがコツだ。歯が鋭いので、手に噛みつかれることもあったが、私は平気だった。こっそり教室に持ち帰って、机の下で虫をいじり回すのだった。虫捕りに熱中して授業に遅れ、先生に叱られることもたびたびだった。

学校からの帰り道も、私は村の子供たちと一緒に帰らず、一人だけ道草をしながら虫捕りに励んだ。帰路にある新道さんという小さな雑貨店付近の道の傍に群生しているフキの葉の上でヤブキリは昼寝していた。私は学校からの帰路で捕まえたヤブキリを自宅近くの田んぼの水溜まりの中でいじり回した。それが、なぜか子供の私にとってはこの上もなく楽しいことだった。もちろん、ほかの子供たちは誰一人としてそんなことをする者はいなかった。私の変人振りの片鱗が早くも現れていたのかもしれない。

私は、捕まえたヤブキリを犬――私が大好きな動物――に見立てて、泥水の中で泳がせた。ヤブキリの体の表面は油成分で覆われているので水に浮いた。ヤブキリは泳ぎは下手だが、後ろ足を蹴るようにして泳いだ。

次は、ドロドロにした泥濘《ぬかるみ》の中を歩かせる。すると、次第に泥がヤブキリの気門を塞いで弱っていき、やがて動けなくなる。すると私は、ヤブキリをきれいな水で洗い、両の手のひらの中に入れて温めてやる。そうすると、失神していたヤブキリは息を吹き返す。私は傲慢にも「自分は、ヤブキリの命を救える」と、うぬぼれたりもした。

ヤブキリの祟りが見せた悪夢

そんなわけで、私はキリギリスとヤブキリの祟りのせいか、何度も怖い夢を見た。そんな夢の中で、今も忘れられないものがある。

夢の中で、私はなんと小人になっていた。ヤブキリよりも小さな小人だった。人間の私に比べヤブキリは虎やライオンのように大きくて猛々しかった。普段の虫捕りとはあべこべに、私が草藪の中をヤブキリに追い回されていた。ヤブキリは、草藪の中を自在に動くことができた。だが私にとっては、生い茂った草藪の中を走るのは困難で、何度も草の根っこに躓《つまず》いて倒れ、ススキの葉にノコギリの刃のようについているギザギザによって体のあちこちに傷を負い、出血していた。

ヤブキリは私の血の匂いを辿りながら執拗に追いかけてくる。逃げているうちに私は池——実際は草藪の中の小さな水溜まり——に追いつめられてしまった。ヤブキリは私を目がけて突進し、ついにその前足で私を地面に押さえつけた。ヤブキリは思いのほか力があり、私はもはや逃げることはできなかった。

目の前にヤブキリの顔が迫ってきた。ヤブキリの黄緑色の眼は、ソフトボールくらいの大きさがあり、その中央には卵大の赤目が光っていた。角はラジオのアンテナの太さだが私の背丈の数倍も長く、小さな毛のようなものが無数についていた。私に向かってヤブキリの口が迫ってきた。口は全体としては馬の口に似ているが、鋏のように横に開く大きな二つの鋭い歯(牙)があった。

私にとっては思いもかけないことだが、ヤブキリの目はなぜか笑っていた。私をいたぶるつもりなのだ。なんと、口をモグモグ動かしながら、言葉を発した。

一寸の虫にも五分の魂

「お前は、これまでオレたちの仲間を散々いじくり回してくれたな。仲間たちを泥沼の中に投げ入れて泳がせ、その気門を泥で塞いで失神させ、その挙句に、お前は、『体を洗って生き返らせてやった』と喜んでいやがる。

嘘をつくな、多くの仲間が蘇生せず、その

まま死んだではないか。このバカヤローが。オレの仲間を何匹殺せば気が済むのだ。『一寸の虫にも五分の魂』と言うじゃないか。ヤブキリは、一寸どころか二寸近くもあるぞ。その魂は人間よりも高貴だ。今日はヤブキリの恐ろしさを思い知らせてやるぞ。覚悟しろ」

ヤブキリはそう吠えると、ペンチのような歯をガチガチと鳴らして、私を威嚇した。ヤブキリは、その口から伸びている口肢と呼ばれる小さな触覚でツンツンと私のイガグリ頭を舐めるように撫で回した。私は生きた心地がしなかった。

「ヤブキリ様、もういじめないから、助けてください」

「本当だな。もう一度、仲間をいじめてみろ、今度は必ずお前を食うぞ！」

ヤブキリは、巨大な鋏のような牙をカッと開いた。その瞬間、恐怖の中で目を覚ました。しばらく放心状態の後、「なんだ夢だったのか、助かった！」と人心地がついた。気がつくと小便を漏らしていた。私はその時だけは、「僕は本当に残酷なことをしたものだ」と反省した。しかし、翌朝目覚めれば、そんな反省はすぐに忘れてしまう私だった。

子供の頃の私が、数えきれないほどの昆虫、魚、鳥などを殺してしまったのは事実だ。大人になってから考えると、幾分の反省もあるが、子供時代の行為を善悪で判断すべきではないと、今の私は考えている。子供が、昆虫をもてあそぶのは本能ではないかと思うようになった。それは猫がネズミをいたぶるのに似ている。ネズミにとっては残酷な話だが、猫がこの世に誕生して以来、ネズミを追いかけ回し、いたぶるのは、摂理・本能なのだろう。

生命や死を身近で観察した子供時代

私にとって、少年時代に昆虫をいたぶったことが自身にどんな影響があったのか、簡単明瞭に説明するのは極めて難しい。しかし、これら動物の犠牲のおかげで「生命」や「死」を身近に観察することができたのも事実だ。

後に、中学校でカエルの解剖などをやったが、それ以前にさまざまな昆虫やヘビ、カエル、小鳥までも自分の手で殺した。是非善悪は抜きにして、そのことが私の心に何らかの作用をもたらしたのは間違いないことだと思う。

私はこんな自身の体験から、孫の喜一や鶴子が金魚鉢を網で掻き回しても、カブト虫を突っつき回しても、セミの幼虫をいじくり回しても、カメの子をいじめても、それをとやかく言わないことにしている。孫も、自分と同じように、その乱暴な行為を通じて、きっと何かを学んでいるに違いない、と考えることにしている。

キリギリスとヤブキリの形態は実によく似ている。見た目で違うのは、メスの産卵管の形である。キリギリスの産卵管は日本刀の切っ先のように上に向かって反りがあるが、ヤブキリのそれは西洋剣のように真っ直ぐな形をしている。また、ヤブキリは幼虫の間は草むらに棲んでいるが、成虫になると樹上に棲み、セミなどを捕食する。一方のキリギリスは終生草むらを住処とする。

鳴き声は、キリギリスのほうが、「ギーッ」の連続の合間に「チョン」という合いの手が入るが、ヤブキリは金属片を擦り合わせるような「ジリジリジリ」という連続音を発する。いずれにせよ、キリギリスとヤブキリの鳴き声は、スズムシやマツムシのような美声ではなく、端的に言えば〝騒音〟に近いものだ。

幼い頃からキリギリスとヤブキリに慣れ親しんだ私は、ゴールデン・ウイークが過ぎた頃、可奈子参謀長から、「ジイジ、喜ちゃんが図鑑でキリギリスとヤブキリを見て興味を持ち、幼虫を自分で捕まえたいって言い出したの」という電話を受けた。孫が5歳の時だった。可奈子の指令が来た時、私は改めて孫に自分のDNAが伝わっていることを強く感じた。

キリギリス、ヤブキリの偵察開始！

私は早速、斥候兵に早変わりして、偵察を開始した。昼休みに会社近くの平古原公園(偽名)に行ってみた。青い小さな実をつけた梅林の下に、クローバー、ハコベ、ナズナ、カラスノエンドウ、オヒシバなどが生い茂っていた。

私は「こんな大都会の公園にキリギリスやヤブキリがいるはずがない」と、ほとんど期待もせずにその草むらの中を歩いてみた。すると、不意に小さな生き物が足元の草むらからピョンと跳んだように見えた。「錯覚か？・」

とは思いつつも、念のために持ってきた老眼鏡をかけ、姿勢を屈めて視線を地面に近づけて生き物らしいものが跳び下りたあたりの草に右手でそっと触れてみた。

すると、薄緑色の虫のようなものが再び跳び上がった。今度は、クローバーの葉の上に止まった。

その生き物をよく見ると、信じられないことだが、それはまぎれもなく1センチほどのヤブキリの幼虫だった。私は、「よくもヤブキリがこの東京にいたものだ！」と感動した。

宇久島を出て以来、初めて出会ったヤブキリだ。一気に数十年前にタイムスリップしたような感覚だった。私には、ヤブキリとの出会いは奇跡のように思われた。

ヤブキリの幼虫が見つかった周辺の草むらを歩いてみると、ほかにもかなりの数の幼虫が見つかった。早速、ラインで可奈子に写真を送ると、「パパ、すごい！　すごい！　喜ちゃん大喜びよ」という返事が、いつものように、眼鏡をかけたハゲ爺さんが踊るスタンプとともに送られてきた。

喜一の強い希望で、翌日の午後、彼が幼稚園を終えたら平古原公園で合流することになった。

ヤブキリ捕獲作戦開始！

翌日の午後、私と妻、そして可奈子と二人の孫は平古原公園で合流した。可奈子は長女の鶴子をベビーカーに乗せてきた。前日、私がヤブキリの幼虫を見つけた場所に案内し、ヤブキリの幼虫が草の中から跳ぶ様子を見せ、実際に捕獲の仕方を教えた。

捕獲のやり方はこうだ。幼虫を見つけたら、スーパーで手に入れた透明なビニール袋を上からそっと被せる。そして地面のほうから片方の手で追う仕草をすると、幼虫はビニール袋の上のほうに這い上がる。

それを確認したら、ビニール袋の入り口を閉じて、公園内のコンクリートの上に運ぶ。そうすれば、幼虫を取り逃がしても、隠れる場所のないコンクリートの上で簡単に捕まえることができるからだ。もしも草の中に逃げ込んだら、見つけ出すのがなかなか難しい。

自宅に持ち帰る際に幼虫を潰さないために、一旦ビニール袋に取り込んだ幼虫をペットボトルの中に移さなければならない。蓋を外したペットボトルの口をビニールの中にいる幼虫にそっと押し当てると、ヤブキリは自分でペットボトルの中に入っていく。

これで捕獲作業は完了。幼虫同士が噛み合わないように、ペットボトルの中にはハコベなどの草を緩衝材兼エサとして入れておいた。

こんな回りくどい捕獲作業をするのには理由がある。それは、幼虫があまりに小さくか弱いからだ。直接指で捕まえると足がもげたり、潰れたりする。実際にはやらなかったが、私は、別の捕獲方法も考案していた。それは、タッパーに水を張り、その中にヤブキリを飛び込ませて、少し弱らせてから箸で摘まみ上げてペットボトルの中に入れる方法である。

私の手ほどきを受けた喜一と可奈子は、自ら幼虫捕りに挑戦した。喜一が歓声をあげながら飛び跳ねる幼虫を追いかける姿を見ていると、私は自分の少年時代を思い出さずにはいられなかった。

喜一は、頼もしいことに、徐々に自立心が芽生え、自分で捕った虫以外は受けつけなくなっていた。私が捕った虫は喜ばず、「ジイジが捕った虫はいらない。僕の分は僕が捕る」と言い張るようになった。体だけではなく、心も確実に成長しているのだ。

この間、鶴子は私の腕の中で寝てしまった。私は、喜一の歓声と鶴子の寝息を聞きながら至福の時間を過ごした。

帰宅後、私自身が持ち帰った幼虫はペットボトルごと虫籠の中に入れ、蓋を開けておくと時間をかけてボトルの中から這い出してくる。幼虫は小さく、虫籠の蓋（覆い）の格子の間から逃げるので、虫籠を逆さまに置いた。そうすれば、幼虫は上へ上へと這い登ろうとするので逃げることはない。私は幼虫の飼育の仕方を可奈子と喜一にしっかりと伝授した。

キリギリス捕獲作戦始動！

その後、しばらくしてから、喜一の希望で今度はキリギリスの幼虫捕りに挑戦した。

ネット情報に基づき、小田急線で登戸駅に行き、多摩川の土手を探した。キリギリスは孵化時期がヤブキリよりも遅いためか、その幼虫はヤブキリのそれよりも少し発育が劣っていた。

私と喜一は二人きりでキリギリス捕りに熱中した。キリギリスの幼虫は俊敏で、飛躍する距離も長かった。その上、草藪が深く、虫網で捕るのは難しかった。草むらを掻き分けながら、手で捕まえるほかなかった。

私と喜一は、合わせて10匹余りは捕った。手で捕まえたので、幼虫の中には、足がもげてしまったものもいた。

私と喜一は、それぞれがヤブキリとキリギリスを飼うことにした。私自身が飼ってみて、飼育のノウハウを可奈子を通して喜一に伝えた。この2種類の似通った昆虫は雑食性でキャベツ、キュウリ、ナスなどの野菜、リンゴや桃などの果物のほか、タンパク源として鰹節や煮干しはもとより金魚やメダカのフレーク状のエサなども食べるので飼いやすかった。

難点は共食いすることである。私は、最初、ヤブキリとキリギリスをそれぞれ数匹ずつ一つの籠に入れて飼育した。すると、だんだん成長するにつれ1匹また1匹と数が減った。「逃げられるはずがないのに、不思議だなあ」と思っていたら、ある時、私はその理由を知ることになった。

何と、大きいキリギリスが小さいのを捕まえて食べていたのだ。ヤブキリも共食いの常習犯だった。それからは、1匹ずつに分けて飼育するようにした。だから、私の家のベランダは虫籠でいっぱいになってしまった。

共食いの情報は、逐一、可奈子を経由して喜一にも伝えた。喜一からは定期的に、「ジイジ、もう3回も脱皮をしたよ」、とか、「1匹、脱皮に失敗して、後ろ足がなくなった」、などと報告があった。

ヤブキリとキリギリスにとって、脱皮は「生命の関門」である。失敗すれば〝障碍者〟になるどころか、命を失う。ヤブキリとキリギリスのみならず、昆虫はすべて脱皮という重大な「命の関門」を潜り抜けなければならない。大変厄介な宿命を負っているのだ。

人間も「心の脱皮」を繰り返す

私は、少年時代、夏はいつも真っ黒に日焼けして、皮が剥けるのが常だった。しかし、それは昆虫や爬虫類の脱皮とは違う。だが、「心の脱皮」は確かに経験している。40歳直前で自衛隊を辞めようと考えたほどの心の病に罹った時、教会で洗礼を受けるなどして蘇った。私は、そのことを「心の脱皮」と理解している。

私は、人間の「心の脱皮」についてこうも考えた。それは、孫の喜一の成長を見て思ったことだ。私が着目したのは、ヤブキリの捕獲で見せたように、喜一に自立心が芽生え、そして強まったことである。そのさまを見て、「人間には、体の脱皮はないが、『心は脱皮』を繰り返しているのではないか」と思った。昆虫は成虫になる時に脱皮を終えるが、人間の場合は一生を通じて「心の脱皮」を繰り返すのではないか。私も例外ではなく、70歳を過ぎた今も「心の脱皮」は続いていると思っている。

全国で100万人を超えると見られる「引

きこもり」。その中には40歳を過ぎた人が60万人以上もいると言われる。「引きこもり」の原因は諸説あるが、私は「心の脱皮」が上手くいかなかったことが一因ではないかと思う。

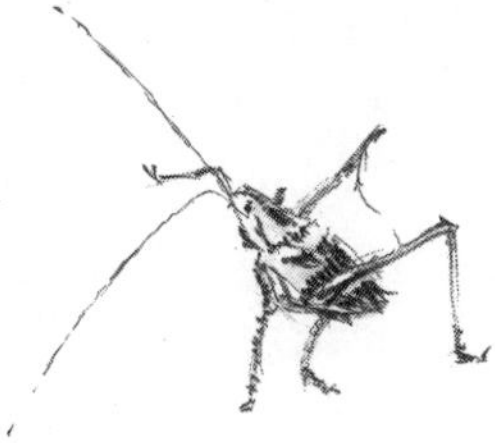

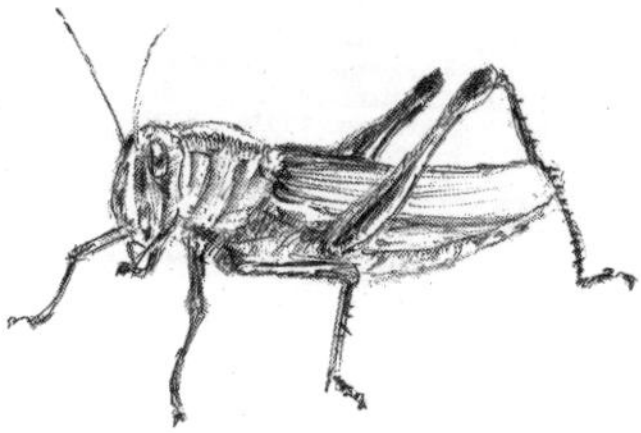

第六話　タガメ

喜一は5歳の初夏、私に特別に難しい指令を出した。可奈子参謀長から電話が来た。

「ジイジ、喜ちゃんからのお願いよ。次はタガメが欲しいんだって」

「ああ、タガメか。宇久島の田んぼにいたあれか。体長3センチほどのカマキリみたいな奴だろう」

「違うわよ。それは、タイコウチよ。タガメはもっとデカいのよ。日本最大の水生昆虫で、体長はタイコウチの2倍以上で6センチを超えるわ。絶滅が心配されるほどの希少品種よ」

「え、それはどこにいるの」

「それについては、ジイジ得意のインテリ

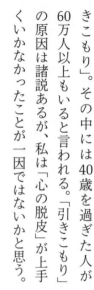

ジェンスで調べてよ」

兵は拙速を尊ぶ

私は、早速タガメについてインターネットで調べ、その知識を網羅した。「兵は拙速を尊ぶ」が習い性となった私の行動は素早かった。

その週末には東北新幹線に乗って某市まで行き、支線に乗り換えてとある無人駅で降りた。一面の田んぼである。トノサマガエルがそこかしこで鳴いていた。トノサマガエルはタガメの主食なのだ。

因みに、人間の男女関係をトノサマガエルとタガメの関係に見立てて、『日本の男を喰い尽くすタガメ女の正体』というタイトルの本が世に出ている。なかなか面白い比喩だ。

私は早速、駅を出て近くの田んぼまで歩いていき、タガメ捕りに挑戦した。持ち主に許可をもらって田畔を歩きながら、前日釣具店で買った丈夫な網を水田の中に入れて掬うように動かし、タガメを探した。

早速、大きなナミゲンゴロウや違う種類の小型ゲンゴロウが捕れた。タイコウチも2匹捕れた。背中に卵をたくさんつけたコオイムシや、ミズカマキリも数匹捕れた。「これはいけるかも」と思ったが、タガメにはなかなかお目にかかれなかった。

私は田んぼから田んぼへと2時間ほども網を入れ続けてタガメを探しているうちに、ある人家の傍の田んぼに差し掛かった。

その田んぼは、田畔沿いに女竹が生い茂り、トノサマガエルの鳴き声がひときわ騒がしく、水の量も、ほかの田んぼよりも多めだった。

私が網を入れると、まずタイコウチが捕れた。「これは期待できるのでは」と、力を込めて田んぼの隅の草の中を網で掬っているうちに、最初のタガメをゲットした。

私にとって、生まれて初めて見るタガメだった。想像していたよりも、大きく、力強く、野性味に溢れ、猛々しく、逞しかった。最大の特徴は鋭い爪がついた「鎌」だった。この「鎌」で、トノサマガエル、ドジョウ、さらにはマムシやカメなどまでも捕らえ、鋭い口吻を獲物に突き刺して消化液を注入し、肉質を溶かして吸い取ってしまうという。

私は、この時点ではタガメのもう一つの特徴である「空を飛べること」については知らなかった。実は、そのことが後で大きな失敗に繋がることになるのだが。

タガメを捕るのはほとんど不可能ではないかと思っていた私は、1匹目が捕れたことで意を強くして、同じ田んぼでなおも網を入れ続けた。すると、2匹目をゲットした。2匹目のほうがさらに大きかった。もしかしたら1匹目がメスで、2匹目がオスなのではないかと思った。

私は大満足だった。猛暑の中、日陰もない田んぼの中を網で浚《さら》うのはかなりの重労働で、さすがに疲れ果てたので、休憩を兼ねて、持参した駅弁を食べることにした。田畔の草の上に座り、弁当を頬張った。

私は迂闊にも、この時、実は大失敗をしでかしていたのだ。タガメを水を溜めたビニール袋に入れ、それをバケツの中に放り込んでいたのだが、ビニール袋の口は開けたままにしていた。

私はタガメが空を飛べる昆虫であることを知らなかった。駅弁を食べることに熱中していたその隙に、タガメは2匹ともビニール袋の中から飛び出して逃げていたのだ。

私はご丁寧にもビニール袋の中に水草を入れていたのだが、それが良くなかった。タガメは水草を伝って水面上に這い出て、羽を広げて飛び去ったのだろう。

私は、そうとも知らず、タガメは水草の下に隠れているものとばかり思っていた。2匹のタガメが堂々と飛んで逃げてしまったことなどつゆ気づかず、弁当を食べ終わると下車した無人駅まで戻り、列車に乗って意気揚々と家路についた。

ジイジ、タガメはいないよ

家に着くと、タガメが捕れたという知らせを受け、可奈子と喜一が駆けつけていた。なかなか手に入らないタガメを一刻も早く見たかったからだ。

「ジイジ、早くタガメを見せてちょうだい」

「ようし、よく見ておけよ。すごいタガメが2匹もいるよ」

私はビニール袋の中身を水草ごとバケツの

中に出し、喜一の前に置いた。喜一はバケツの中の水草を掻き回してタガメを探していた。今にも喜一の歓声を聞くだろうと思っていた私に、喜一は意外な言葉を発した。

「ジイジ、タガメはいないよ。どこにいるの」

私は驚いて自身でバケツの中を引っ掻き回してみた。水草を全部取り出してバケツの中をくまなく探した。ゲンゴロウ、タイコウチ、ミズカマキリなどはいたものの、やはりタガメはいなかった。タガメは忍者のように消えてしまったのだ。

「ジイジ、タガメは飛ぶのよ。どこかで飛んで逃げたんじゃないの」

可奈子にそう言われて、私は弁当を食べている時のことを思い出した。

「エーッ、タガメは飛べるのか！　ジイジが弁当を食べている時に、ビニールの口を開けたままだった。あの時に飛んで逃げたんだ。喜ちゃん、申し訳ない」

驚きと悔しさでいっぱいだった。孫に言い訳をして謝っても、後の祭りだった。私はお詫びの意味を込めて、タガメをペットショップで買ってやることにした。喜一は喜んだが、私の心は晴れなかった。名誉回復のため、再度タガメ捕りに挑戦することにした。

今度は、喜一と可奈子も一緒に遠征することになった。前回と同じ無人駅で降りて、同じ田んぼの畦道を捜索した。その日は、前回にも増して猛烈に暑かった。一切日陰のない田んぼの中を網で掬う捜索は重労働で、私は危うく熱中症になるところだった。ついに堪らず、ある民家の柿の木陰に入れてもらい、大量の水を飲んでようやく持ちこたえた。

　そんな中でも、喜一は元気そのものだった。小さい体で、大きな網を持ってタガメ掬いに熱中していた。三人の強い願望が通じたのか、前回タガメを捕った田んぼでまず私が1匹捕まえた。それを見た喜一は、私が捕獲した場所の周辺を熱心に網で掬った。

　小さい子供が長い網の柄に振り回されている感もあったが、その喜一が2匹目のタガメを捕まえた。「ジイジ、ママ、タガメ捕ったよー！」と雄叫びを上げた。まさしく喜一の熱意の賜物である。網の中でもがいているタガメを見た喜一の喜びようは半端ではなかった。私も、喜一自身がタガメを捕ったことがこの上なく嬉しかった。

　今度こそは逃がさないようにと、しっかりとバケツの上をビニールで覆った。帰りには、宇都宮でギョーザの店に入り、喜一はジュースで、私と可奈子は生ビールで乾杯した。「喜ちゃんよくやったね！」、と私は孫を心から褒めた。

孫から預かったタガメを飼う重大任務

　タガメは喜一と1匹ずつ分けて飼うことにした。それにしても、タガメの飼育は大変だった。生餌が必要なのだ。東京ではトノサマガエルは捕まらない。喜一も私もドジョウと金魚をエサに与えた。残念なことに、喜一のタガメは冬が来る前に死んでしまった。私が「ジイジのタガメをあげるよ」と言うと、喜一は「うん、タガメはもらうよ。でも、そのタガメ、ジイジが預かって飼ってくれる？」と返事した。

私は預かったタガメを飼育するという重大な責任を負うことになった。どうやって越冬させるかが大問題だった。タガメは、自然の中では、エサのカエルが冬眠する頃になると水の中から上がって、土や落ち葉の中で越冬するのが一般的のようだが、中には水の中で越冬するものもいるという。私は、戸外（ベランダ）の水槽の中で越冬させることにした。

凍結しないように水槽をビニール袋で二重に包んだ。水槽が凍結すればタガメは水の中にいながら翅《はね》の下に空気を取り入れる管（いわば潜水艦のシュノーケルのようなもの）で息ができなくなるからだ。

念のためエサとしてドジョウ2匹を水槽の中に入れておいたが、タガメは冬の間は全くエサをとらなかった。タガメは冷たい水の中に留まり、水草に掴まって、お尻についた管を水面から出して翅の下に空気を取り入れて気門で呼吸するだけで、全く動かなかった。

喜一の心配をよそに、私はタガメを越冬させることに成功した。タガメは、4月頃からは再び旺盛な食欲を見せ始めた。2匹のドジョウを食べ尽くしたので、今度は金魚を入れてやったら、すぐに食べてしまった。

ドジョウも金魚も、タガメから注入された消化液で液状化した魚肉が吸い尽くされ、魚体は薄く萎びてしまう。週1匹から2匹のペースで〝魚の吸い殻〟が水面付近に浮かんでいた。

私は、頻繁にエサを与えるのが面倒なので、金魚数匹(観賞用)が入った直径60センチほどの素焼きの壺の中にタガメを移動させた。もちろん、飛んで逃げないように壺を網で覆った。タガメは、1カ月ほどで、金魚を食べ尽くしてしまった。こうなると、エサの確保が課題となった。

タガメの糧食確保作戦で名誉の負傷

7月初旬、近くの公園の池に夏祭りで売れ残った金魚がたくさん放流されているのを見つけた。早速、網とバケツを持って金魚掬いに出かけた。

金魚の群れが集まっている場所の近くの大きな石の上に上り、左手でヒラドツツジの枝につかまり、右手に網を持って懸命に金魚を掬おうと奮闘した。私は、「たかが小さな金魚」と侮っていたが、金魚は敏捷に逃げ回りなかなか捕まらなかった。

なおも金魚掬いに熱中しているうちに、右足の下の石の表面に生えているコケが剥がれて足を滑らせ、私は一瞬のうちに頭から池の中に転落してしまった。

気がついたら、私は全身ずぶ濡れの状態で水の中に倒れていた。転落の直後は、気が動転したのか、何が起こったのかわからなかった。頭から転落して池の底の石に頭の右側を打ちつけたが、水深60センチほどの水がクッションとなって大怪我は免れたようだった。

立ち上がってみると、右足のふくらはぎが猛烈に痛んだ。上体を回転させながら転落した時に、筋肉が断裂したのだと思った。

私は池の中から何とか這い上がると、救急車を呼ぶかどうか迷った。救急車を呼ぶと、自分自身で相当な怪我を認めたことになる。何だか怖い。そう考えて、一瞬逡巡《しゅんじゅん》した。

歩いてみると、足を引きずりながらもどうにか歩行できたので、そのまま自宅に戻ることにした。道行く人たちは、全身濡れネズミで足を引きずる老人を怪訝そうに眺めた。

家に戻ると妻は驚いて、「あなたは、自分の体力を過信しすぎよ」と言ったが、敢えて病院に行くことは勧めなかった。私も、翌日まで様子を見ることにした。

翌朝になると、右足の激痛は一層ひどくなり、ふくらはぎを中心に内出血が広がっていた。また、頭部の鈍痛も残っていた。心配になり、病院に行くことにした。私の年齢になると、頭部打撲は硬膜下血腫に繋がる恐れがある。三宿の自衛隊中央病院でＣＴスキャンを受けたが、結果は無事とのことだった。

また、右足のふくらはぎは、私の見立て通り筋断裂で、完治には１カ月かかるとのことだった。医師も手術は勧めなかったので、事実上放置することにした。

私の大怪我と軌を一にして、広島に住む弟、博の容体が悪化した。弟は3年ほど前から重い病気に罹《かか》っていた。私が、見舞いに行って間もなく弟は息を引き取った。弟の見舞いから葬儀まで、私は約1週間自宅を留守にした。

私が弟の葬儀を終えて東京の自宅に戻ったのは、夜中に近い時間だった。早速水槽を覗くと、タガメは壺に挿した木の枝に止まって寝ているようだった。「ははー、タガメは水の外に出て眠ることもあるのだ」と新たな発見をした気になった。

翌朝、もう一度壺を覗くと、タガメは前夜と同じ格好で木の枝に止まったままだった。

タガメに手を差し伸べてみたが、逃げる気配はなかった。普段なら、すぐに水に飛び込

むはずなのに。

　タガメの様子がおかしいので、私は指で摘まんでみた。タガメは全く動かなかった。タガメは水の中ではなく、枝の上で往生していたのだった。私は、タガメの死因は、エサ不足というよりは寿命だと考えた。

　すぐに、可奈子と喜一に報告した。二人は、私が思ったほどは落胆しなかった。自分たちで直接飼育していなかったから、タガメに対する情がほとんどなかったのだろう。

　私は、弟とタガメの死が重なったことに、何かしら不思議なものを感じた。本来、何の因果関係もないことはわかっていたが。

第七話　金魚

　タガメのエサに金魚を捕ろうとして足を滑らせて池に転落し大怪我をした私だったが、再び金魚捕りに挑戦することになった。

　それは、8月末の早朝、可奈子参謀長から電話命令が来たからだ。


「喜ちゃんは今日からパパ（剛生＝娘婿）の実家に泊まりに行く予定だったんだけど、生憎、先方のおじいちゃんが熱を出したので行けなくなったの。急遽、ジイジの家に泊まりに行くからね。喜ちゃんだけは、ジイジの家に泊まりよ。喜ちゃんだけは、ジイジの家に行く前に、多摩川でジイジと一緒に虫捕りしたいんだって」

もちろん、我が家はウエルカムである。神楽坂で喜一と合流し、小田急線で登戸駅に向かった。登戸駅で電車を降りると、歩いて多摩川に向かった。

喜一は、前回虫捕りをした場所を良く覚えており、私を先導した。私は、孫が着実に成長しているのを目の当たりにして嬉しかった。

猛暑の中、二人は虫捕りに興じた。喜一はバッタを2匹捕まえた。

あちこちで、キリギリスのオスが「ギーギー」と鳴いていた。この時期まで生き延びたキリギリスは古強者《ふるつわもの》だ。近づくとすぐに静かになり、なかなか捕まらなかった。

そのうちに、喜一がキリギリスの鳴き声をキャッチした。「ジイジ、ここ！　ここ！」と私を呼んだ。私が、そこに行くと鳴き声は止んでしまった。草むらを足で踏むと、キリギリスが微かに動いたのが見えた。

私はそ知らぬふりをして、「ジイジが草を踏むから、喜ちゃんが良く見てキリギリスを見つけておくれ」と言った。

私は、キリギリスのいる草むらの近くを慎重に靴先で突いた。すると、キリギリスが動き、それを喜一が見つけた。

「ジイジ、僕が先に見つけたよ。これは僕のものだからね」

「喜ちゃん、すごい！　もちろん、喜ちゃんのものだよ。網で上から押さえろよ。ジイジが捕まえるから」

「イヤ、いい。自分で捕まえる」

喜一はこう宣言すると、見事にキリギリスを自分の手で捕まえ、虫籠に入れた。二人は、意気揚々と私の家に帰還した。可奈子も鶴子と一緒に来ていて、楽しい夕べだった。

喜一は、何度も可奈子にキリギリスを自分が捕まえたことを誇らしげに話した。

金魚を罠で捕獲する作戦

翌朝、喜一は5時に起きたが、妻から宥《なだ》められて5時半までベッドの上でもぞもぞしていた。私はその間にどうやって喜一を喜ばせようかと思案した。そして、石神井公園に、金魚用の罠を仕掛けることを思いついた。

この罠は、ウナギ籠――エサに釣られてウナギが入ったら出られなくなる籠――がヒントだった。私は、喜一と一緒にベッドを抜け出して、罠を作ることにした。

まず、1000ミリリットルのペットボトルの7合目あたりをカッターで切って「胴体部分」と「首の部分」に分ける。

次に、「首の部分」の上部のネック部分を切り落とし、残りの部分に鋏《はさみ》でギザギザの切り込みを入れる。このギザギザは、金魚がペットボトルに入ることはできるが、出にくくするためのものだ。

次に、ギザギザを入れた「首の部分」を、逆さまにして「胴体部分」にドッキングし、ホッチキスで接合する。この罠が早く水底に沈むように小石を入れた。

また、罠の中に入れたエサの匂いが周囲の水の中に拡散するように、「胴体部分」全体に錐《きり》で小さな穴をたくさん開けた。

金魚はエサの匂いに釣られて罠に寄ってくる。また、この罠には、水に入れたり引き上げたりするための細紐を結わえつけた。金魚や鯉の稚魚を誘い込むために、罠の中には4分の1枚ほどの食パンを入れた。

もちろん、この作業は喜一にも手伝わせた。喜一は、鋏でギザギザを入れたり、ホッチキスで止めたり、石やパンをペットボトルの中に入れたりする作業を喜んでやった。

喜一と私は、6時半に家を出て、公園に向かった。人気のないはずの公園では、なんと100人ほどの老人たちが体操をしていた。

私と喜一は、早速罠を池の中に沈めた。すぐに、2~3センチほどの鯉の稚魚が群がってきて数匹が中に入った。だが、お目当ての金魚はなかなか罠に近寄っては来なかった。時間が経つうちに、金魚が少しずつ近づいてきた。最初の1匹が罠の近くまで来たが反転して逃げた。やはり警戒しているようだ。今度は、2匹来た。罠の周りを3回ほど回って逃げていった。

そうこうするうちに、1匹が罠の周りを何度も回り始めた。喜一が、「入れ。入れ!」と小声で言った。すると、一瞬のうちに金魚はペットボトルの罠の中に入った。

「ジイジ、入ったよ」と喜一が興奮気味に囁《ささや》いた。私が、「喜ちゃん自分で引き上げてみてごらん」と紐を渡すと、喜一は罠を引き上げた。罠が水面を出る直前、金魚は外に逃げ出した。罠の出口のギザギザの切り込みが、ストッパーとして機能しなかったのだろう。私はギザギザ部分を内側に少し折り曲げて、金魚が逃げ出せなくなるように細工した。

一度、罠の在り処(パンの在り処)を知った金魚たちは、その後は活発に近づくようになった。そのうちに、小さな1匹が罠に飛び込んだ。すかさず、喜一が引き上げた。金魚はペットボトルの中で暴れまわっていたが、手で摘まみ出して持参したバケツの中に入れた。金魚のほかにも数匹の鯉の稚魚が入っていた。

その後もさらに3匹の金魚が捕れた。私は、自分のアイディアが成功したことに満足し、喜一は、金魚を罠で捕ったことで喜んだ。

妻から電話が来た。朝食に戻れとのことだった。二人は、罠を池に沈めたままにし、紐は草むらの中に隠した。また、獲物を入れたバケツは、付近の小笹の藪の中にすっぽりと隠した。

せっかくの獲物が盗まれる

私と喜一は朝食をそそくさと済ませ、池に戻った。仕掛けた罠を確かめると、なんと消えていた。「まさか、バケツまでもがなくなるはずがない」と思ったが、それも甘かった。バケツも持ち去られていたのだった。私も喜一も、張りつめていた気持ちに水を差されたような気がした。

誰が盗ったのか。公園の管理人か、公園に来た一般の人か。喜一が、「公園の管理人に聞いてみたら」と言ったが、それは止めた。「池の魚を捕ってはいけません」と叱られるのが落ちだと思ったからだ。

「まあ、喜ちゃん、こんなこともあるさ。金魚を持ち帰ったところでなんぼのものだ。ジイジは、喜ちゃんと楽しく遊べたことが最高の幸せさ。喜ちゃんが金魚を欲しければ、リュウキンでもシシガシラでもランチュウでも買ってやるよ」

「僕、本当は池の中にいるワキンが欲しかったんだ。値段の高い金魚よりも、自分で捕まえたもののほうがいいんだ。だけど、盗られちゃったから仕方ないね」

孫の言葉に感動

せっかく捕まえた金魚を誰かに盗られるというハプニングは、私にとっては、喜一と遊ぶ絶好の機会をぶち壊しにされたという思いになった。

「月に叢雲《むらくも》　花に風」という諺がある。良いことには邪魔が入りやすく、長続きしないことの例えだ。喜一との金魚捕りはこの諺が当てはまる好例だと思った。喜一にこう言った。

「喜ちゃん、これからは、自分が望まないことや腹が立つようなことがたびたび起こるだろう。そんな時は、慌てず、騒がず、腹を立てず、あるがまま、なすがままに一切を受け入れ、前向きに考えることが大事なんだよ」

すると、喜一はこう答えた。

「金魚が入ったバケツと仕掛けておいた罠が持ち去られたことについては少しは残念だけど、僕は平気さ。ジイジと朝早くから金魚捕りができたのだから。ジイジと一緒に罠で金魚を捕った楽しい思い出は誰にも盗られることはないからね」

この言葉は、私にとっては、百点満点の回答だった。喜一との一夏の良き思い出がまた増えた。

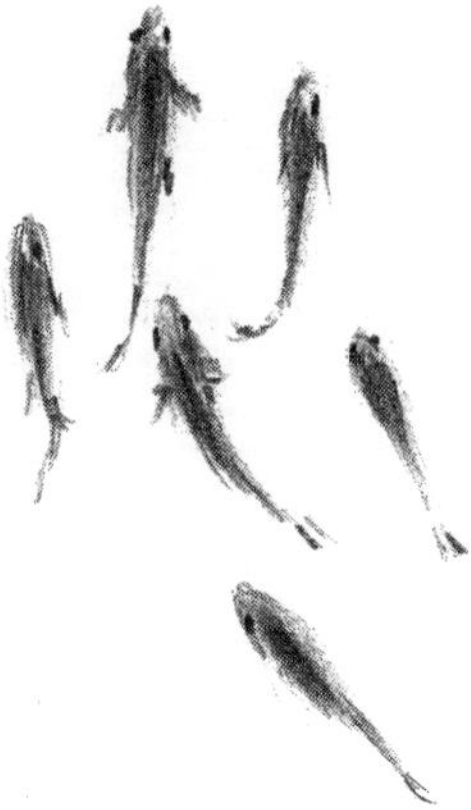

第八話　ミドリガメ

喜一が小学校1年生の夏休みに泊まりがけで遊びに来た時のことだった。朝食を済ませた私たち夫婦は喜一とともに井草森公園に散歩に出かけた。

公園の池の傍を歩いている時だった。目ざとい喜一は、数メートルも離れている池端の石の上に寝ている4センチほどの赤ちゃん亀を見つけた。

この池には、20センチ前後のミドリガメがたくさん住んでいた。池の中にある中島(人が近づけない)に設けられた平べったい石の上には大きな亀たちがひしめき合うようにして日向ぼっこを楽しんでいるのを見かけたものだ。だが、こんな赤ちゃん亀を見るのは私も初めてのことだった。
その赤ちゃん亀は、大きな亀が集まる平べったい石からは弾き出されたのか、私たちが歩いている道路から見て池の対岸にある水面から50～60センチほどの高さの急勾配の石の狭い頂上を、1匹だけで占領していた。この赤ちゃん亀を人間のスケールに置き換えれば、その石の高さは、そそり立つ十数メートルの岩壁に相当するはずだ。「こんなチビ亀がよくも健気にも登ったものだ」と私は感心した。

喜一は、すかさず亀を指さして「ジイジ、可愛い亀じゃない、捕まえてよ」と催促した。妻も、「私は喜ちゃんとここで待ってるから、ジイジ捕まえてよ」と促した。子供の時から虫や魚を捕まえて育った私は、本心では「あの子亀を捕まえてみたい」と思っていたところだったが、「孫のため」という大義名分を妻から得たので、即座に亀捕りに挑戦することを決めた。

赤ちゃん亀捕獲作戦開始

私は姿勢を低くして、池に架かった橋を渡って、亀のいる対岸に移動した。橋を渡り終わると、忍び足で亀が日向ぼっこをしている石のほうに歩を進めた。

亀のすぐ近くまで来ると、道路沿いに設置された柵を跨いで池の畔の植え込みの中に入り、腰を屈めてゆっくりと進んだ。「たかが亀の赤ちゃんだ。忍び寄って一気に手を伸ばして、奴が水に飛び込む前に鷲掴みにすれば簡単に捕れるだろう」と考えた。

私は亀のすぐ近くまで近づいた。念のため、今度は四つん這いになり、頭を低くして、わずかの距離をにじり寄った。亀は手の届く所にいるはずだった。私と亀を隔てているのは、亀が寝ている石の手前に茂っている背丈の低いオカメザサだけだった。

私は、捕獲のやり方を頭の中でリハーサルした後、ミリ単位でゆっくりと頭をもたげ、亀の姿を確認しようとした。すると、笹の葉の隙間から亀が見えた。本当に小さな亀だった。手を伸ばせば届く距離だった。

私は、笹の葉の隙間に顔を近づけ、ほんの数秒間亀の姿を観察した。大きさは4センチ弱、体は少し扁平で、色はミドリガメの名前の通り薄い黄緑だった。ミドリガメはアカミミガメの幼体の通称で、その名の通り、目の後ろの耳のあるはずの部分が赤色だった。

この時点まで主導権は私が握っていたが、次の瞬間、ちっぽけなミドリガメに奪い取られてしまった。ほんの数秒間の観察の間に、私の目とケシ粒ほどの亀の目が「バチッ」と合ってしまったのだ。

人間の赤ちゃんだと、よだれを垂らしながらハイハイする年頃に相当するのだろうが、ミドリガメの赤ちゃんは、私と目がかち合ったことで殺気を感じ取ったようだ。

亀はその瞬間、逃走することを決意し、石の表面に爪を立てて四肢をフル稼働させ、真っ逆さまに池面にポチャンと飛び込んだ。亀は40センチほどの水底に潜り、一目散に泳いで逃げ去った。その様子を見た私は、なぜか、ローレライの岩の上から少女がライン川の水面に飛び込む光景を連想してしまった。簡単に捕まえられると高を括っていた私にとっては全く予期せぬ展開だった。

池の反対側で私の亀捕り作戦を見守っていた喜一は、失望の声を上げた。

「ジイジー、もう少しだったのに残念ー！」

70歳を過ぎた老人の私も本当に残念に思えた。「逃がした魚は大きい」というが、私にも赤ちゃんガメが価値あるものに思え、それを逃がしたのが悔しかった。すぐに「そうだ、もう一度チャレンジしよう」と心に決めた。

私は、喜一と妻と合流し、「三人で公園内をゆっくり散歩してここに戻ってくる頃には、亀は再び同じ石の上に登って昼寝しているに違いない。今度こそ捕まえてやるからな、喜ちゃん」と宣言した。

ところが喜一からは意外な反応が返ってきた。「ジイジ、今度は僕にやらせて」と強く主張したのだ。小学校に上がる前は、ジイジの言うことに従ってくれたが、1年生になる頃から何でも自分でやらねば納得しなくなった。私は、こんな喜一が頼もしく思えた。

「よし、わかった。今度は喜ちゃんにやってもらおう。新しい作戦を考えようよ」

赤ちゃん亀捕獲作戦変更

妻の真理子が「家に戻って、網を持ってくるわ」と言うと、喜一は反対した。

「公園にある木の枝で即席の網を作ろうよ。ジイジとバアバも知恵を出して」と提案した。

私は、「よし、皆で力を合わせて網を作ろう」と応じた。

私たちは網をどうやって作るかを相談した。

「喜ちゃん、網の代用品は何がいい」

「ジイジ、ビニール袋がいいよ。バアバ、すぐそこにあるスーパーに行って、透明なビニール袋をもらってきて」

すると妻が、「バアバは、ビニール袋なら買い物用に、いつもこのバッグの中に持ち歩いているよ」と取り出してみせた。

「喜ちゃん、そのビニール袋を網の代わりにするのは良いが、柄と丸い網枠には何を利用しようかね」

「ジイジ、公園内を探検してそれにふさわしい木の枝を見つけようよ」

「喜ちゃん、ビニール袋をどうやって網枠に括りつけようか」

「ジイジがこの前公園に来た時、ヘクソカズラを見せてくれたよね。臭い臭い。あれを使おうよ」

「喜ちゃん、どうやってヘクソカズラでビニール袋を網枠に縫いつけようか」

「ジイジ、それは簡単だよ。この公園にあるカラタチの棘でビニール袋の端に穴を開けて、ヘクソカズラを縫うように通せばいいじゃないか」

「喜ちゃんは、なかなかアイディアマンだな」

喜一と公園内を探していると、枝の先がY字型に開いた小枝のある、ネズミモチの木の枝が落ちているのを見つけた。その枝を拾って、枯葉や小枝を取り除いて、亀捕獲用のY字型の網枠の部分を作った。ヘクソカズラは、簡単に手に入った。喜一と一緒にY字の枝の網枠の部分にビニール袋を網としてヘクソカズラの糸で縫いつけた。ヘクソカズラの縫い目の穴は喜一自身がカラタチの棘をビニールに突き刺して穴を開けた。これで、亀捕獲用の網は完成した。

三人は、ワクワクしながら赤ちゃん亀が日向ぼっこをしていた池の畔に再び近づいた。遠目に偵察すると、思った通り、亀は石の上に戻っていた。今度は、日向ぼっことというよりもお昼寝をしている様子だった。亀は日当たりの良いその場所が、よほどお気に入りのようだった。

私は、焦る喜一を宥めて、捕獲のリハーサルをすることにした。妻と三人で、亀のいる場所からは離れた似たような池の傍に行き、まずは忍び寄る訓練から始めた。獲物に近づくにつれ、姿勢を低くし、音を立てないように忍び寄る要領を喜一に教えた。

亀捕獲作戦のリハーサル

次は、至近距離に忍び寄った後に、亀を網で捕まえる要領についてのリハーサルを繰り返した。妻が細い枝先に亀の模造品としてティッシュをこよりにして巻きつけた。妻はそれを使って、亀が人の気配に気づいて石の上から水に飛び込む様子を演じてくれた。

喜一は、そのティッシュの亀が石の上から水に飛び込む予定位置に先回りして網を構え、亀が落ちてくるのをキャッチする要領を訓練した。何度も何度も繰り返し練習しているうちに、亀の標的が水面に落ちる直前に見事にキャッチできるほどに上達した。

それが終わると、喜一が新しいアイディアを提案した。「ジイジとバアバは、池の反対側から見ていて、小さな声で亀の様子や、僕の進む方向などを教えて」と。なかなかの名案である。

いよいよ、喜一自らの挑戦が始まった。心躍るはずの喜一だったが意外と慎重に動いた。亀が昼寝をしている石の在り処を確認し、前回私が動いた通りに、低い柵を跨いで池の畔の植え込みの中に入り、腰を屈めて抜き足差し足で亀の寝床に向かって進んだ。

「そうそう、喜ちゃんその方向だよ。亀はまだ寝ているよ。慌てずに、ゆっくりとね」と、妻が小声で亀の情報を伝えた。

前回、私が捕獲に失敗した時の教訓では、亀に悟られないためには笹の葉の隙間からさえ覗かないことが肝要だった。喜一はそのことを十分に意識しているようだった。

今度の作戦のポイントは、射程距離に近づいたら一気に亀の頭上に躍り出て、驚いた亀が焦って池に身を投げる予定コースの下の水面付近にビニールの網を用意して落ちてくる亀をキャッチすることだった。

私は、はらはらしつつも「喜一なら大丈夫だ」と自身に言い聞かせた。喜一はリハーサル通りにこなし、オカメザサの葉陰から寝ている亀の頭上に一気に身を乗り出した。驚いた亀は前回と同様に小さな四肢をバタつかせ、石の平面の端まで移動し、池面を目がけてダイビングした。だが、それは喜一が予期した通りの動きだった。

喜一は亀が池に飛び込むよりも一瞬早く、ネズミモチの枝とビニール袋で作った即席の網を水面付近に構えていた。池の対岸から見ていた私の目には、亀の慌てて逃げる様子がスローモーションのように映った。

哀れな亀は、石の上からダイブすると、そのまま喜一が構えたビニール袋目がけて飛び込んでいったように見えた。すべては、作戦通りに運んだと思った。

喜一は、手に持ったネズミモチの網に亀が飛び込んだ微かな手ごたえが感ぜられたようで、すぐに網を手元に引き寄せ、中を覗いた。亀は確かに網の中でもぞもぞと動いていたのだ。私たち夫婦のほうを向いて「ジイジ、バアバ、亀を捕ったよー!」と満面の笑みを見せた。

私と真理子は「ヤッター」と叫んで、すぐに喜一のところに走っていった。

戦利品を得て、意気揚々と凱旋

喜一は、ビニール袋の中から亀を掴み上げた。小さなミドリガメで、甲羅の色は名前の通り薄緑だった。亀の背中は、「甲板」と呼ばれる魚の鱗のような五角形の大小の板のようなもので覆われている。小さい亀は、その甲板も体の大きさに比例して小さかった。

喜一司令官は、最高の獲物が入ったビニール袋を得意げに持って井草森公園から意気揚々と我が家に凱旋するのであった。従卒のジイジとバアバを従えて。

帰途、喜一が私に尋ねた。

「ジイジ、バアバ、僕はこの亀を家で飼うんだ。ジイジ、名前は何とつけようか」

「多五郎がいいよ」

「何、それジイジ。なんかダサい名前だね」

「喜ちゃん、実はジイジの名前は本当は、多五郎になるところだったんだよ」

「エーッ!?」

「ジイジの先祖は、九州本土から来たらしい。ヨーロッパからアメリカに移民したように、人口の増加で食えなくなった人たちが、新天地を求め五島・宇久島を目指したのだろう。ジイジの先祖となる最初の移民がいつ頃どこから宇久島に渡ってきたのか詳しくはわからない。

ジイジが知る限り、最も古い先祖の名は多一郎という人だ。その子が多二郎、さらにその子が多三郎、そしてジイジのお祖父さんの名前が多四郎だったんだよ。そんな流れで、ジイジのお父さんの名前は本来は多五郎になるはずだったのが、どういうわけか、八平になってしまった」

「そうか、名前をつけるそれまでのルールが破られたんだね」

「そう。そんなわけだから、ジイジがお母さんのお腹に宿ると、周囲では、『今度生まれる福山の跡取り息子の名前は多五郎だ』という流れになっていたそうなんだ。ジイジが生まれたのは戦争が終わってからわずか2年後だが、戦後の新たな息吹を感じ取ったジイジのお母さんの理絵は、多五郎という名前がいかにも古臭いと思ったそうだ。それで、ジイジのお祖父さんの多四郎に『戦後日本の〝復興〟にふさわしい名前にしてください』とお願いしたそうだ。お祖父さんは、その願いを聞き入れ〝興隆〟という熟語から一文字を採り、隆という名前をつけたのだそうだよ」
「そうだったのか。でもジイジ、この亀の名に多五郎はやっぱり古いよ。僕、よく考えてから名前を決めるよ」

私と妻は、喜一が自ら亀を捕っただけでなく、その名前を自分で決めると決断したことで、彼の著しい心の成長を目にし、頼もしく思ったものだ。

第九話　柿の子カッちゃん

自分で言うのもなんだが、私は自分自身を「相当に変人だ」と思っている。

現役の自衛官時代から定年後の今日まで、仲間内ではもとより、家族からまで「福山（お父さん）は変人」と思われているのは事実である。私の変人ぶりを物語るエピソードは、自慢じゃないが山ほどあり、どれを紹介するか迷うくらいだ。

その一つは食事の時に見られる。

私には実に妙な癖があって、食卓に載る果物の種を、ゴミとして捨てない。種ごと果実を食べ、食べ終わると、種を口から吐き出して、一粒一粒を集めてティッシュに包んで、ポケットに仕舞い、それをベランダの植木鉢や、通勤経路沿いの空き地に埋めてやるのを常としている。

種を土の中に埋める時には「君に生きるチャンスをあげるよ。きっと芽を出し、成長し、花をつけ、実を結べよ。頑張れ！」と声をかけてやることにしている。

種をポイ捨てしないのは、私なりに理屈がある。それはこうだ。

果物の種は、ゴミ箱に捨てられた瞬間に、その後の運命は100パーセント焼却炉で焼かれてしまうことになる。0・1パーセントの生存の可能性の芽さえ摘まれてしまうのだ。私が種をポケットに入れておいて、後で土の中に埋めてやれば、その後の運命は、その種自身の――あるいは「天」――の〝意思〟に委ねられる。芽を出さない種も多いだろうが、中には稀に芽を出して、大きな草木に育って、花を咲かせ、たわわに実をつけるものもあるかもしれない。

私が、種に興味を覚えたのは数年前にフィリピン産のパパイアを食べた時からだ。ナイフでパパイアを真っ二つに割ると、黄色い果肉の真ん中に黒い粒々の種が無数に入っていた。貧乏性の私は、それさえ勿体無いと考える性分だ。黒い粒々の種を、スプーンで掻き出しては口に入れ、種の周りを包んでいる小さな袋状の膜の中に詰まった甘いジュースを吸い尽くし、残った種だけをペッと皿の上に吐き出した。

その黒い種を見て、好奇心の強い私はふと、「このフィリピンから来たパパイアの種は芽を出すのだろうか」と思った。実に素朴な疑問である。

その種をベランダの植木鉢の土の中に埋めておいたら、何と、1~2週間でたくさんの可愛い芽が出てきた。盆栽みたいで、そのまま眺めても楽しかった。それを分けて鉢植えにして育てるとかなりの高さに育ったが、冬が来ると枯れてしまった。パパイアは亜熱帯以上の温度が必要で、温室でなければ越冬して実を結ぶことができないのだろう。

果物の種にお礼をする

それを機に、私は「命の可能性」について考えた。植物の種はもとより、犬、猫、鶏、さらには人間までが、小さな生命として誕生する前後に、膨大な数の命が奪われるというのが現実の世界だ。植物の芽や動物の小さな生命の多くが、生き残って成長するチャンスを絶たれているということだ。

そこで、「変人」を自任する私はこう考えた。「今後、食卓で自分に味覚を楽しませてくれる果物の種に対して、お礼の意味を込めて、少しでも生き残るチャンスを与えてみよう。芽を出して、成長できる可能性のある地面に、種をまいてみよう」と。私は何も宗教心などからそんな発願をしたわけではない。強いて言えば、好奇心の所産なのだろう。

食卓には、季節に応じ実にさまざまな果物が上る。リンゴ、ブドウ、柿、ビワ、蜜柑など多種多様だ。私は、倦むことなく、種を集めて公園や会社までの通勤路にそれをまいた。私の「執拗な執着性」は、もう一つの変人の要素かもしれない。

梅雨前のある休日、小学2年生になった鶴子が遊びに来た。折よく長崎市に住む友人の秦氏から名産の茂木ビワが届いていた。1個50グラムほどもある立派なビワだった。お昼のデザートとして鶴子とともにビワをいただいた。私はいつもの癖で、食べ残したビワの種を大事に集め、ティッシュで包んだ。目ざとくそれを見た鶴子は、「ジイジ、その種どうするの、種は食べられないわよ」と言った。

「鶴ちゃん、ビワの種を土に植えればどうなると思う」

「ハイ、ジイジ、芽が出ますよ」

「芽が出た後にはどうなりますか」

「大きな木に育ちます。そして今食べたビワのように立派な実をつけます」

「そうだろう。だからジイジは、こうやって集めた種を会社への通勤路の植え込みの中や、公園などに埋めてやっているんだ。ベランダの鉢の中に埋めて、芽が出たら公園などに移植してやることもあるよ」

「ジイジ、本当に芽が出るの」

「鶴ちゃん、実を言うとそう簡単に芽が出ることはないんだ。ジイジが、果物の種まきを始めてわかったことは、発芽するのは稀だということだ。その種はきっと、土壌の性質や雨の量などの環境に合わないのだと思う」

「ジイジがまいた種でうまく育った例はあるの」

「鶴ちゃん、よくぞ聞いてくれた。実は上手く芽を出し、苗木に育った例があるんだよ。数年前の秋だった。当時ジイジは、愛宕警察署近くにある、ダイコーというエレベーター会社に勤めていたんだ。

ジイジは、朝食時に熊本の知人、竹原さんから送っていただいた格別大きくて甘い陽豊《ようほう》柿《がき》を味わった。その種をティッシュに包んでポケットに入れ、会社への途上に取り出して、芝大神宮という神社近くの歩道沿いのツゲの植え込みの土の中に、親指の先でしっかりと埋め込んでやったんだ」

柿の芽の名前「カッちゃん」

「ジイジ、その柿の種は芽が出たの」

「そう、見事に芽が出たんだよ、鶴ちゃん。タネを埋めた翌年の春、ジイジが通勤中に種を埋めたその場所にふと目をやると、芽を出したばかりの柿の若葉を見つけたんだ。ジイジは感動のあまり、『おお、カッちゃん、芽を出したか！　良かったなあ。大きく育てよ』と声をかけてやったよ」

「ジイジはなぜ柿の芽にカッちゃんという名前をつけたの」

「その名前は咄嗟に出てきたんだ。それは、柿の木の『カ』という発音にちなんだだけではなく、無意識のうちにジイジの小学校時代のクラスメートにいた可愛い女の子の名前を思い出したからかもしれないな」

「宇久島の小学校にもそんなに可愛い子がいたの」

「どこにでもいるよ、鶴ちゃんみたいに可愛い女の子が！　カッちゃんの周りには、ツゲの木やさまざまな雑草がいっぱい生えていたけど、ジイジには、カッちゃんだけが大切な植物で、ほかの草木は文字通り〝雑木・雑草〟にしか思えなかった。ジイジは柿の子カッちゃんにだけ、ひとしおの愛着を覚えたわけだ。柿の苗木に愛着を覚えるなんて、実に不思議な体験だったよ」

「あたしだって、学校で朝顔を鉢植えで育てているけど、可愛いわよ」

「ああ、それとおんなじだね。ジイジは、朝の満員電車の通勤が楽しくなった。カッちゃんに会えるからだ。ジイジは、カッちゃんの前に来ると、足を止め、〝得意の会話〟をすることにしていた。こんな風に」

「おお！　カッちゃん、葉っぱが少し大き

くなってきたな。新しい芽も出てきた。早く大きくなれよ。桃栗3年柿8年と言うが、カッちゃんならもっと早く実をつけるだろうな。その時が楽しみだ」

「オジサン、そう急かさないでよ。あたし、生まれたばかりなのよ。これから、無事に過ごせるかどうかさえわからないのよ。あたし、心配だわ」

「それもそうだな。でも、心配するな、オジサンが守ってあげるから」

「……」

「ジイジ、何言ってるの。柿の木が話せるはずがないじゃない」

「その通りだよ、鶴ちゃん。ジイジは、言葉を喋らない犬や猫、鳥や魚、さらには木や草とも心の中で自由に会話できる特技を持っているんだ。もちろん、動植物が喋るはずはないんだけど、ジイジが勝手に相手の思いを想像して会話するんだ。実に楽しいよ。鶴ちゃんもやってみたら」

「面白そうね。あたしもやってみようかしら。ところでジイジ、カッちゃんは無事に育ったの？」

カッちゃん、引きちぎられる

「残念なことに、カッちゃんの心配は的中したんだ。確か、梅雨の頃だった。カッちゃんが芽を出したツゲの植え込みの草取り作業が行われたんだ。ジイジは、そのことを予期して、日頃からカッちゃんの周りの雑草を丹念に引き抜いていた。だから、カッちゃんは無事だと思っていたんだが、作業終了後に行ってみると、カッちゃんは見るも無残に引きちぎられてしまっていた。土の表面から数センチの高さの茎――カッちゃんの遺骸――だけが残されていて、まるで墓標のように見えたよ」

「草取り作業をする人たちはそんなに完璧な仕事をするの」

「草取りは東京都がやるのか区が行うのかわからないが、いずれにせよ、公共の場所の草刈りや剪定《せんてい》は、実に徹底している。きっと完璧を追求する日本人の特性なんだろうね。雑草を完全にむしり取るんだ。軍手をはめた小父さんや小母さんたちが、生まれたばかりのカッちゃんさえも見逃してくれず、渾身の力で根ごと引き抜こうとしたんだろう。しかし、カッちゃんは命懸けで根っこを〝踏ん張って〟抵抗したようだった。結果、カッちゃんの〝上半身〟は引きちぎられてしまった。それだけではない。残った下半身の茎も、〝因幡の白兎〟のように、樹皮を剥がされてしまい、白い芯の部分だけが痛々しげに残っていたよ」

「ジイジが、〝因幡の白兎〟に例えて説明すると、あたしにもその痛々しさがよくわかるわ」

「ジイジはそれを見て、『かわいそうだが、カッちゃんはもうダメだな』と思った。だが、心の片隅で、『いや待てよ、諦めるのはまだ早い、あの子のことだ、生き返って新芽を出すかもしれない』と思い直したんだ」

「ジイジの気持ち、わかるわよ」

「ジイジは毎日、通勤途中に、かすかな希望を持って、カッちゃんの〝遺骸〟をチラリと確かめるのを日課にした。皮を剥がれた芯材は、日が経つにつれ黒く変色してきた。それを見て、ジイジは、『カッちゃんはもう本当にダメかもしれない』と思った。

ところが、カッちゃんに驚くべき奇跡が起こったんだ。カッちゃんが引きちぎられて1カ月ほど経った頃だった。7月の初め頃、梅雨も空けて、強い日差しがカッと照りつける朝だった。

ジイジは、その日もカッちゃんの〝墓標〟に手を合わせて拝んだ。ふと、〝墓標〟の下のほうに心なしか小さな玉のようなものが膨らんでいるのを見つけた。ジイジは、我が目を疑いながらも、カバンの中から老眼鏡を取り出して屈みこんで〝墓標〟を凝視した。すると、やっぱり小さな膨らみがあった。それも2個も。よく見ると、〝墓標〟の地面に近い部分の表皮が少しだけ残っていて、そこから新芽が膨らんでいるのがわかった」

カッちゃんは生きていた！

「何と、カッちゃんは生きていたんだ！　瀕死、いやそれどころか完全に枯死したと諦めていたカッちゃんが蘇ったのを目の当たりにしたジイジの感動は半端《はんぱ》じゃなかったよ。

なぜ感動したのかって。それは、いたいけな芽吹いたばかりの嬰児《みどりご》のカッちゃんの生命力、生きようとする強い意思をはっきりと感じ取ったからだ。本当の我が子が生き返ったような心地だった。これがその時の写真だよ」

私は、スマホの写真(左上)を鶴子に見せた。

鶴子は、感慨深げにその写真に見入った。

「ジイジ、カッちゃんの生きようとする意思と生命力はすごいわね。あたしも感動したわ。ジイジ、それからどうなったの」

「ジイジは、せっかく蘇ってくれたカッちゃんを安全な場所に移植しようと考えた。だが、枯死寸前の重傷から蘇って芽吹いたばかりのカッちゃんを掘り出して移植するのは危険だと思い、翌年の2月頃まで待つことにした。

それまでなら、もう草取りもないはずだと思った。カッちゃんは、若葉を広げ、夏の陽光をいっぱいに受け止め、驚くほどに逞しく成長した。

だんだんと若葉が開いて、大きくなっていく様子がわかるだろう、鶴子ちゃん」

「ええ、よくわかるわ、ジイジ」

「やがて、秋が来たが、カッちゃんはなかなか葉を落とさず、日一日と弱くなっていく陽の光をクリスマス頃まで懸命に吸収し続けた。ようやく、年が明けてから真っ赤に色づいた葉を落とした。

ジイジは、小さいながらも紅葉したカッちゃんの落ち葉を大事に拾いあげ、聖書のページの間に挟んでおいたよ。カッちゃんは、木枯らしの中でも平気だった。ジイジは、付近の落ち葉を掻き集めてきてカッちゃんに防寒服として着せてあげたよ。それだけでは心配なので、二重のビニール袋まで被せてあげたんだ」

「ジイジとしては、カッちゃんのお引っ越し先を探さなければならなかったわね」

「その通りだ。ジイジは、会社のお昼休みを利用して、1カ月近くかけて芝公園内を偵察し、カッちゃんが安全に育つことができる場所を探した。そして、芝公園内の人目につきにくい場所に、カッちゃんのための格好の〝隠れ家〟を見つけたんだ。

それは、直径20センチほどの切り株跡だった。切り株は相当に朽ち果て、周囲だけが残り、中央は腐食して空洞になり、その中に溜まった落ち葉は腐葉土と化していた。だから、その中にカッちゃんを植えれば、腐葉土の栄養をたっぷり吸え、丸く取り囲んだ切り株の残存部分がカッちゃんを草刈機のブレードの攻撃から守ってくれるはずだ、と思った。

カッちゃんを守るためにはそれだけでは不十分だと考え、ジイジは、周辺から石を拾ってきて、〝隠れ家〟の周りに石垣を積んで城塞を築いてあげたよ」

カッちゃんのお引っ越し

「いよいよ引っ越しね。いつ頃移植したの」

「2月の終わり頃だった。いろいろ調べたら、その頃が一番移植に適していることがわかったからだ。カッちゃんをスコップで掘り起こし、ビニール袋に入れて芝公園に運び、朽ちた切り株の中に移植した。持ってきたペットボトルの水を注いであげながら、『早く芽を伸ばせ、カッちゃん。早く実をつけろよ、カッちゃん』と、声をかけた」

「ジイジ、その台詞は『さるかに合戦』に出てくる〝かにの唄〟――『早く芽を出せ柿の種、出さぬと鋏でちょん切るぞ』――に似ているわね」

「バレたか。その後、カッちゃんはしっかりと根づいて、順調に育っている。移植後の春、葉を開いたカッちゃんの写真がこれだ（上）。
カッちゃんはその後もどんどん成長し、もう1メートルほどに伸び、数本の枝を広げつつある。カッちゃんのお母さんは、格別大きくて甘い実をつける陽豊柿だったから、数年後に実をつけるのが楽しみだ。
ジイジは、古稀を過ぎて会社を辞めた。だから、しばらくカッちゃんと会っていないが、今年の猛暑にもめげず、成長しているものと確信している。秋には、鶴子ちゃんと一緒に行ってみよう。大きな甘い柿の実をつけているかもしれないよ」
「バアバとママとお兄ちゃんも誘って行こう。あたしも楽しみだわ」

第十話　マス

喜一が小学校2年生(7歳)、鶴子が幼稚園の年中(4歳)に進級する春休みのことだった。

下石神井にある我が家に泊まりがけで遊びに来る二人を神楽坂まで迎えに行った。自宅に戻る途上の西武新宿線の電車の中に西武園ゆうえんちの広告が貼ってあった。

その広告には、ゆうえんち内のフィッシングランドで釣れた60センチほどもある大きなニジマスの写真があった。二人の孫はすぐにその広告を見つけ、「ジイジ、あの写真にあるマス釣りに連れていってよ」と私にせがんだ。帰宅して妻と相談し、翌日行くことにした。

ゆうえんちに行く当日、妻は孫のためにおにぎり、卵焼き、ウインナーソーセージなどを弁当箱に詰めた。孫たちは、「今日はでかいマスを釣るぞ!」と、朝から大はしゃぎだった。

当日はお天気で、西武新宿線の沿線には満開の桜がそこかしこに咲いていた。西武遊園地駅の改札を出た孫たちは、競って階段を駆け上がり、ゆうえんちに向かった。

ゆうえんちの満開の桜が私たちを迎えてくれ、親子チケット2組を買って園内に入った。孫たちは、案内板などを見ながらジイジとバアバより先駆けて、フィッシングランドに急いだ。

マス釣り大作戦スタート!

ゆうえんちを横断して坂を上ると、ゆるやかなM字型をした大きなプールに出た。そこがフィッシンググランドだった。夏場は流れるプールとして楽しまれ、10月上旬から5月中旬までは釣り堀として営業しているという。

後で聞いた話だが、プールの中には山形県や山梨県などの養殖場から運んできたニジマス、イワナ、ヤマメ、アマゴ、甲斐サーモンなどが放流されているそうだ。

事務所で子供二人分のチケットを買って釣り道具係の小父さんのところに行くと、何本もの竿が用意してあった。小父さんは、その中から子供用の短い竿を選んでくれた。竿には釣り針とウキがついていた。

小父さんは、「エサにはこれを使いなさい」とスイートコーンの水煮をプラスチックの小さな皿に入れて二人分くれた。さらに小父さんは二人分の網と釣れた魚から釣り針を外す時に使う先細のペンチもくれた。小父さんは最後に「3匹まではタダですが、4匹目からは1匹につき300円いただきますから」という決まりもつけ加えた。

喜一が、ルアーの仕掛けがある竿を見つけて、「僕はルアーで釣りたい」と私にせがんだ。すると小父さんは、「坊や、本当のことを言うと、ルアーではあまり釣れないんだよ。坊やは最初に釣り針で挑戦して、何匹か釣ったらここに来なさい。そうしたらルアーと交換してあげるから」と諭してくれた。

私たちは釣り場に向かった。喜一が自分で場所を選んだ。その場所では、私と同じ年恰好のお爺さんがちょうどマスを釣り上げているところだった。

物おじせずに誰にでも自然体で話しかけてすぐ友達になれる特技を持つ喜一は早速、「小父さんおはようございます。ここで一緒に釣らせてもらってもいいですか」と挨拶をした。

お爺さんは、にこにこ顔で「どうぞどうぞ、ここは良く釣れる場所だよ。エサは事務所がくれたスイートコーンよりも、ここにあるイカの切り身やソーセージのサイコロのほうが良く釣れるよ。自由に使っていいからね。僕は、ほぼ毎日来ていて、自宅の冷凍庫にはマスが溢れているよ」と応じてくれた。

お爺さんは「坊やたちは、いい時間帯に来たね。ついさっき、山形から活魚輸送用のトラックが来て新しい魚を放流したばかりだからどんどん釣れるよ」と耳寄りな情報を提供してくれた。

初めてのニジマス釣りに二人とも成功

妻が喜一の、私が鶴子の面倒を見ることにした。二人の孫はお爺さんから分けてもらったイカの切り身のエサを針につけ、プールに放り込んだ。

早速、喜一のウキが水の中に引き込まれ最初のあたりがあり、喜一は一気に釣り上げた。型も活きも良いニジマスが釣れた。喜一にとって、ニジマスを釣ったのは初めてのことで、「ジイジ、バアバ、釣れたよ」と大はしゃぎだった。

釣り上げたニジマスはプールサイドのコンクリートの上でバタバタ跳ねている。喜一はそれを抑えてペンチで釣り針を外そうとしたがなかなか思うようにならなかった。妻も手に負えない。「ジイジ、私が鶴ちゃんを見ているから、マスの釣り針を外してよ」と妻が言うので、喜一に魚を抑えさせながらペンチで釣り針を抜いてやった。

鶴子のところに戻ってプールの中のウキを覗くと、なんと深々と沈んでいた。

「鶴ちゃん、ウキを見てごらん、魚が掛かって引っ張っているよ。さあ上げてごらん。自分でできるかな」

「ジイジ、大丈夫。あたし一人でできるもん」

そう言うと、鶴子は、背丈に比べ長過ぎる竿を懸命に立てて、一気に魚を引き上げようとした。魚は、抵抗し水の中で暴れた。しかし、鶴子はそれに負けず、水の中から魚を引き抜くようにして、プールサイドに釣り上げた。

魚は大いに暴れた。よく見ると、魚はニジマスではなく、イワナのようだった。

「鶴ちゃんやったね。これはイワナのようだよ」

「ジイジ、あたし、自分で釣ったんだよ」

鶴子は誇らしげに私を見上げた。これこそが、鶴子が生まれて初めて釣り上げた魚だった。

「よし、釣り針を抜こう。ジイジがやるから鶴ちゃんは見ていて」

鶴子は意外にも、私の言うことを拒んだ。

「ダメッ、自分でやるから。ジイジは魚を抑えていて」

私は、針を外しやすいように、暴れる魚を軍手をつけた手で握って鶴子の前に差し出した。鶴子は、少し前に私がペンチを使って喜一が釣ったマスの針を外すのを見ていて、それを真似てやろうとした。だが、4歳の鶴子にペンチを上手く操作するのは難しかった。私は見かねて言った。

「鶴ちゃんには難しそうだね。ジイジがやってあげるよ」

「ダメッ、あたしがやるもん」

そう言って鶴子はなおも釣り針を外そうとした。かわいそうなのは魚だった。口の中に血が溢れ、だんだん弱ってきた。それでも鶴子は諦めず、ついに針を外した。

外したというよりも、力に任せて釣り針を引っ張って、喉のあたりの肉を裂くようにして引き出したというのが正しい。散々に痛めつけられた魚は仮死状態で、水を満たしたバケツに入れたが、ほとんど動かなかった。私は、心の中で「魚さんごめんなさい。鶴子のために許してください」と念じた。

一方、鶴子に対しては、「鶴ちゃん、さすがだね。自分だけでできたね」と最大限に褒めてやった。鶴子は、得意満面だった。こうして、孫たちは、タダで釣れる数の「3匹」は早々に釣り上げてしまった。妻が、「もうそろそろいいんじゃない。止めようよ」と言ったが、釣りの面白さがわかった二人が聞き容れるはずもなかった。

「ジイジ、僕はルアー釣りをやりたい」と喜一が言い出した。喜一と一緒に釣り道具係の小父さんのところに行くとルアー竿と取り換えてくれた。

喜一はルアー釣りの客の仕草をしばらく見ていた。ルアー釣りの客たちは、たかだかプールでの釣りなのに、まるで山深い渓流にでも分け入るかのような本格的な釣りのいでたちで、サングラスをかけ衣装も釣り道具もビシッと決まっていた。ただ、ルアー釣りの彼らが魚を釣り上げているところは一度も見なかった。つまり、プールに放流した魚はルアーでは釣れないのだ。

喜一は初めての挑戦を前に、どうやってルアー釣りをやるのか、本格派のやり方を見ているのだ。彼は、見様見真似でやるつもりなのだ。

私は、釣れようが釣れまいが喜一にルアー釣りの体験をさせれば良いと思っていた。とはいえ、「喜ちゃん、ルアーのやり方を教えてやろうか」とダメ元で聞いてみた。

「ジイジ、自分でやれるから大丈夫。僕はできるんだ」と喜一は答えた。成長するにつれ、自立心が強くなっていく孫たちを見て、頼もしく思えるジイジだった。

喜一、ルアーでマスを釣り上げる

私たちは元の釣り場に戻った。妻が喜一のルアー釣りについてくれた。ほどなく「ウォー、釣れたぞ！」と喜一が歓声を上げた。なんと、ルアーで見事にマスを釣り上げたのだ。あの本格派のルアー釣りの客でさえも釣れないのに。喜一はどんなにか嬉しかったことか。自らの意思でルアー釣りに挑戦し、マスを釣り上げたことで、喜一は自信をつけ、大きな成長を遂げたことを私は実感した。

鶴子のほうも、釣りに慣れてきて、何匹も釣り上げた。そのたびに、自分で釣り針を外し、多くの魚をダウンさせた。私は、鶴子がプールに落ちはしないかと心配していた。

「ジイジ、あたしもまた釣れたわよ」と鶴子の弾んだ声がした。鶴子は、暴れ回る魚をプールの水の中から一気に引き抜いた。その魚をよく見ると、それはヤマメのようだった。

その時、鶴子があまりにもプールの近くに寄り過ぎているので、私自身が鶴子とプールの間に割って入り、鶴子に後ろに下がるように促した。後ずさりを始めた鶴子が突然何かに躓いて後方に倒れた。

驚いてよく見ると、鶴子のお尻は、魚を入れたバケツの中にすっぽりと嵌まっていた。

妻も喜一も驚いて飛んできた。「ジイジがついていながら、どうしたのよ」と妻が私を咎めた。幸い怪我はなかったものの、鶴子のお尻の部分はどっぷりと水に浸かり、衣服や下着が濡れてしまった。まだ、外気は冷たかったので、風邪をひく恐れがあった。

私が事務所に飛んでいって子細を話すと、備えつけの下着や着替えを貸してくれ、すぐに着替えをさせることができた。

魚を捌いて焼く、孫シェフたち

これを機に、私たちは釣りを終了し、釣り場に隣接したバーベキューができるコーナーで昼食を摂ることにした。孫たちも十分な釣果があったので反対はしなかった。4月とはいえまだ寒いので、炭火の暖かさに一同ホッとした。
釣った魚は、事務所に持っていって下処理をしてもらうことにした。孫二人が釣り上げたうち6匹までは無料だったが、オーバーした分は1匹300円支払った。また、下処理のための調理場とバーベキューの施設を使う代金として、1匹当たり100円かかった。

魚の下処理を担当する小母さんが「魚はお客様が捌《さば》いてもいいんですよ」と言うと、孫たちは「自分でやりたい」とせがんだ。小母さんが調理場で1匹目を捌いてみせ、エラや内臓を簡単に取るコツを教えてくれた。孫たちは、面白がってナイフを使って魚の腹を裂き、内臓を出し、エラを取り除いた。

捌いた魚を籠に入れ、バーベキューコーナーに運んだ。そこには半分に切ったドラム缶があり、中には炭火が真っ赤に熾《おこ》っていた。魚焼きは喜一と鶴子の仕事だった。鶴子には、バーベキューの炉が高過ぎるので、椅子を持ってきてその上に登らせた。
二人のシェフは、籠から魚を出して網の上に並べた。焦げないようにトングで挟んで上手にひっくり返し、時々醤油を垂らすのも忘れなかった。しばらく経つと、マス、イワナ、ヤマメの豪華な焼き魚ができ上った。

孫たちと妻が魚を焼いている間に、私は鶴子の衣服と下着を洗面所で洗い、しっかりと絞って炭火にかざして乾燥させた。幸い、バーベキューの炉は2カ所あり、一方にはまだ客はいなかった。

孫たちが魚を焼いている間に、衣服と下着も乾いた。

昼食は、妻が握ったおにぎりや卵焼きに加え豪華な川魚の炭火焼きだった。近くの自動販売機で孫たちと妻には麦茶を、自分にはビールを買った。

満開の桜の中で、孫たちの釣り談義を聞きながらの昼食は最高だった。孫とのニジマス釣りは、我々夫婦にとって最高に幸せな春の1日となった。

第二章　ジイジが孫に伝える
五島の少年時代の思い出

第一話　金茸

晩秋の頃だった。小学3年生の鶴子が遊びに来た。妻と3人で石神井公園傍のエン座という店で武蔵野うどんを食べた。

武蔵野台地は、関東ローム層に覆われて水はけがよく、畑作による良質な小麦の生産が盛んで、各家庭でうどんを打つ習慣が武蔵野うどんを生み出したらしい。麺は、一般的なうどんよりも太く、色はやや茶色がかっている。コシがかなり強く、食感は力強いものでゴツゴツしている。孫たちはなぜかこれが好きで、物心ついて以来、この店をひいきにしている。

うどんを食べた後、公園の林の中を散策した。夏にカブトムシを見つけたクヌギ林の中を歩いていると、鶴子が束状に群生しているキノコを見つけた。傘は赤褐色で弱い滑《ぬめ》りがあった。鶴子が私に尋ねた。

「ジイジ、これは何というキノコなの」

「ジイジが生まれた五島にはないキノコだな。ジイジが山形県の自衛隊で勤務していた頃、部下の隊員から教わったような気がするが、これはクリタケじゃないかなあ。自信はないけど」

妻が口を挟んだ。

「鶴ちゃんも知っている通り、ジイジの虫の知識はすごいと思うけど、キノコはあまり得意じゃないようね」

「宇久島にはキノコはそう多くなかったからなあ。でも、ジイジにはキノコにまつわる大切な思い出があるんだよ」

「そうなの。ジイジのキノコの思い出話を聞きたいわ」

「わかった。あそこにあるベンチに座って、その思い出話をしてあげよう」

ジイジが育った「松の島」

三人は、すぐ近くのベンチに移動した。

「鶴ちゃん、ジイジの故郷、宇久島では、キノコのことを『ナバ』と呼んでいたんだ。宇久島で最もポピュラーな『ナバ』といえば、金茸《きんたけ》というキノコだった。

金茸という名前は、多分宇久島で使われる俗称だと思う。金茸は文字通り仄《ほの》かな金色で、清潔感のあるキノコだった。形はマツタケに似ているが、やや小振りだった。金茸は宇久島の黒松林の中に育つ。赤松林に生えるマツタケのような香りには乏しいが、シコシコした歯触りは何とも美味しかった。もちろん、宇久島ではマツタケは育たなかったので、ジイジが少年の頃は、その味や香りを知る由もなかった。

ジイジが大人になってから図鑑等で調べてみると、金茸は実は『霜越し』というキシメジ科のキノコであることがわかった。『霜越し』という名前の由来は、霜が降りるような晩秋に生え始めるからだという。

ジイジが少年だった昭和30年頃、宇久島には黒松林が広がっていて、島は別名『松の島』と呼ばれていたそうだ。神社の境内や海岸近くには100年を越える松の大木がそこかしこにあり、見事に垂れ広がった枝が、島を渡る風に揺れていた情景が思い出されるよ。

宇久島は、城ヶ岳《しろんたけ》という唯一の山（標高258・6メートル、トロイデ＝溶岩円頂丘）を中心にいただく島で、その昔はほとんど禿げ山の状態だったそうだ。そこで、宇久島に住み着いた移住者たちは燃料用に島の風土に適した黒松を植林したと聞いたことがある。

島に住んでいる親戚の便りによれば、残念なことに昭和47年頃から松くい虫の被害でこれらの松は枯れ果て、今では次の世代の小松が成長しつつあるという。

鶴ちゃんも知っている『われは海の子』という童謡にも出てくる海辺の松原の情景はジイジの心の中の原風景だったが、残念ながら今では宇久島からは消えてしまったわけだ」

「ジイジ、それは残念なことね。鶴が大人になった頃、私にはどんな原風景が残るのかしらね。それは、東京の高層ビル群かしら。それとも、こうしてお話をしてくれるジイジとバアバの姿かしら」

妻が感動気味に「鶴ちゃんは、嬉しいことを言ってくれるわね」と言った。私は話を続けた。

松の落ち葉が炊事用の燃料

「宇久島では、金茸は秋が深まる頃、松林の落ち葉の中に生え始め、玄海灘を越えて小雪混じりの季節風が吹き荒れる1月から2月にかけて旬を迎える。金茸は生まれたての頃は黄色い小粒の玉だが、成長するにつれ傘の形をしたキノコ本来の姿になる。1個見つけると、そのあたりに何個もあったよ。

ジイジが子供の頃は、ガスや電気を使った調理器具はなく、松の落ち葉が貴重な炊事用の燃料だった。松の落ち葉は油分に富んでよく燃えるので、少量でも比較的強い火力が得られる上、火加減も簡単にできた。

村人は、農・漁閑期を見計らって、一家総出でそれぞれの松林に落ち葉を採りに出かけたが、島ではこの作業を『山取り』と呼んだ。

山取りの作業には、木葉掻《こはか》きと呼ばれる熊手のような木製の道具を使った。松林の地面いっぱいに積もっている松の落ち葉、松ボックリ、枯れ枝などを木葉掻きで掻き集め、それを米俵のような形にして荒縄で束ねた。

ジイジの家では、山取りは、体の弱いお父さんに代わってお母さんがやるのが常だった。お母さんは松林の中で半日ほども費やして器用にこの松葉俵を何個もこしらえた。

お母さんは、これを『カリノ』と呼ばれる背負子《しょいこ》の一種に一度に4個から5個(50キロ程度)も乗せて2キロ前後の山道を歩いて家まで運んだものだ。

姉さんかぶりにモンペ姿のお母さんが、山のような嵩《かさ》の松葉俵をカリノで背負い、鼻の頭に粒々の汗をいっぱい吹き出しながら、山間のでこぼこ道を歩く姿が、今もジイジの瞼に焼きついているよ。お母さんは、不思議に鼻の膨らみに粒々の汗をかく体質だった。

今になって、この時の様子を思い出してみると、お母さんは松葉俵の荷の重さだけでなく、貧しい百姓の嫁・労働者として生きることのさまざまな重荷にじっと耐えながら、足下の石くれを睨みつつ黙々と歩を運んでいたような気がする」

「ジイジが今もお婆ちゃんを大事にいたわる心は、きっと、そんな子供の頃の体験から生まれたのね。鶴はそう思うわ」

「鶴ちゃんありがとう。ジイジが、金茸を初めて採った時の記憶、それは小学校に上がる前のことで、4歳か5歳だったと思う。半ば夢のようで朧気なものだ。

ある冬の日、お母さんと二人きりで松林に山取りに行った時のことだった。松林の中で、お母さんは懸命に落ち葉を木葉掻きで集めていた。人気のない林の中で、『ガサッ、ガーッ』という木葉掻きの乾いた音と、林を渡る木枯らしの『ビュー、ビュー』という音が妙にふさわしいハーモニーだった。

幼いジイジはお母さんから少し離れたところで松ボックリをビー玉代わりにして遊んでいた」

二人で金茸を採った母との思い出

「すると突然、『隆ちゃん。早よ来てみれ。金茸のあるよ』とお母さんの弾んだ声がした。私がお母さんの呼ぶほうに駆けていくと、木葉掻きで松の落ち葉を掻いた後に、淡い黄色のキノコがいっぱいあるのが見えた。丸くて初々しい金茸の子供、もう相当笠が開いた大きなものなどさまざまだった。

お母さんは、その場に一緒にしゃがみ込んで、1個、また1個とジイジが喜々として摘み取るのをを見守ってくれた。それが終わると、ジイジが採った金茸を、姉さんかぶりに使っていた手ぬぐいの中に包んでくれた。

島では、春になると地鶏の雛が孵《かえ》る。お母さん鶏は10羽前後の雛を引き連れ、草むらを足で引っ掻いて、ミミズや昆虫を掘り出し、自分では食べずに『クッ、クッ』と鳴いて、雛たちを呼び集めて食べさせるんだよ。

後年、ジイジは大人になって、お母さんがその日ジイジに金茸を採らせてくれた時の思い出を振り返るたび、なぜか決まって、地鶏のお母さんが雛たちにミミズをついばませる情景が連想されるんだ。

お母さんは、お父さんが早くに亡くなった後、広島に住み着いたジイジの弟の博叔父さんに引き取られ、島を離れてしまった。鶴ちゃんと喜ちゃんも知っている通り、90歳を超えたが今も元気だよ。

お母さんとの思い出は数えきれないほどあるけど、ジイジが幼かったあの寒い冬の日に、松林の中でお母さんと二人っきりで初めて金茸を採った情景がなぜか最も大切なものとして今も仄かに胸の中に蘇るんだ」

「ジイジ、バアバ、私もいつか大人になったら、こうやって冬の日曜日に石神井公園に来て、三人でベンチに座ってジイジから金茸の話を聞いたことをきっと思い出すわ」

第二話　メジロ

私は、初冬のある日、双眼鏡を持って、喜一と一緒に井草森公園に出かけた。喜一は、小学校も高学年に進み、ずいぶん成長した。

「喜ちゃん、今日はバードウォッチングをしようね」

「うん。ジイジ、公園にはどんな鳥がいるの」

「今頃は、池にはカルガモ、オナガガモがいるよ。木々の梢にはメジロ、ヒヨドリなんかもいるよ。今日は、喜ちゃんにメジロを見せたいんだ」

二人が公園が近づくにつれ、メジロの鳴き声が聞こえてきた。メジロの声を聞くと、故郷の宇久島を思い出す。宇久島にはさまざまな種類の鳥がたくさんいた。宇久島に鳥が多かったのは、その生活環境――山林、畑、水田、川、湿地、海岸――に恵まれ、草や木の実、昆虫等のエサが豊富だったからだろう。トビ、キジ、ヤマバト、ヒバリ、ホオジロ等の留鳥のほか、カモ、シギなど、さまざまな種類の渡り鳥もたくさんやって来た。

これらさまざまな鳥のいずれにも、私にとっては幾つもの鮮やかな思い出があるが、中でもメジロは格別、記憶に残る鳥である。

メジロ発見！

公園に着く前に早々とメジロを見つけた。児童養護施設のはす向かいにあるアパートの生垣のサザンカに、数匹のメジロが群がっていた。目ざとい喜一はすぐにメジロを見つけた。喜一の眼には双眼鏡がなくてもよく見えるようだった。

「ジイジ、メジロが嘴《くちばし》をサザンカの花に突っ込んで蜜を吸っているね」

「喜ちゃんはさすがに目が良いね。メジロを驚かせないようすぐそこにあるベンチに座って観察しようよ」

私たちは、生垣の傍の小さな公園のベンチに座って見ることにした。

「ほら、双眼鏡で見てごらん」

喜一は、双眼鏡を構えて、メジロを観察した。

「ジイジ、双眼鏡だと良く見えるね。花から花へと渡って蜜を吸っているよ」

「羽の色もきれいだろう。喉の辺の黄色い羽毛が見えるかな。メジロの目の周りが白いのもわかるよね」

「良く見えるよ。羽根は黄緑で、喉の下には煌《きら》めくような黄色い毛が生えているね。つやつや輝いている。本当にきれいだよ」

「ジイジは子供の頃、メジロに夢中だったんだ」

「ジイジが生まれた五島・宇久島にもメジロがいたの」

「いたいた。せっかくの機会だから、今からジイジが子供だった頃のメジロにまつわる話をしてやろう」

「ジイジ、それは、面白そうだね。聞いてみたい」


「喜ちゃん、秋になると、宇久島にはいろいろな鳥が渡ってきたんだよ。島はサンドイッチみたいなものだよ。パンの代わりに、『海の青』と『空の青』とに挟まれているんだ。

　子供のジイジが海の彼方を眺めていると、海と空が接する部分のブルーの中から少しずつケシ粒のような無数の黒い点々が湧き出してきて、島のほうに近づいてくる。それは、メジロの群れで、宇久島へのお客様なんだよ」

「なぜ、秋になるとメジロが宇久島に渡ってきたの」

「ジイジも、子供心にそんな疑問を持ったよ。子供のジイジはその理由を、『秋になると宇久島で薩摩芋が実るからだ』と考えた。島ではメジロのエサとして、蒸かした芋を飼い主が自分の口の中でムシャムシャと噛んで唾液で練り上げたものを、芋焼酎用の杯に入れてメジロの鳥籠の中に取りつけた円状の針金の上に載せて与えていたんだ。だからジイジは『メジロは薩摩芋がとれる初秋になるのを待って渡ってくるのだろう』と子供心に納得していたんだ」

「ジイジは、単純だね。僕はそうは思わない」

メジロはどこから島へ渡ってくるのか

「喜ちゃんは、当時のジイジと比べて賢いよ。ジイジの子供の頃は、新聞もなければテレビもなかった。スマホの検索もなかった。当時のジイジの知識は喜ちゃんに比べれば相当低いレベルだったよ。

　ジイジの二つ目の疑問は『メジロはどこから渡ってくるのか?』だった。村の大人たちによればタイシュウからやって来るのだという。当時のジイジはタイシュウについての知識が全くなかったんだ」

「ジイジ、タイシュウとは本当はどこのことなの」

「今考えてみると、対馬か韓国の済州島のことを指していたのだと思う。そのころジイジはなぜか『タイシュウ』の『タイ』から連想して、台湾あたりにある南の島だと考えたんだ。ジイジにとってタイシュウは夢の島だった。その島では年中花が咲き乱れ、リンゴやバナナがたわわに実り、メジロが乱舞していると夢想したんだ」

「ジイジは馬鹿だなあ。寒い国のリンゴと熱帯のバナナが同じ島で実るはずがないじゃないか。なぜリンゴとバナナが同じ島で穫れると思ったの」

「当時、僻地の宇久島ではリンゴとバナナは希少な果物で、ジイジにとって憧れだった。リンゴやバナナが実際に樹に実っているのを見たこともなかったし、熱帯・温帯・寒帯の果物の区別についての知識もなかった。

島育ちのジイジは、海の向こうのどこかに存在する夢の島・タイシュウについて、勝手気ままにイメージを膨らませていたのだろう」

「ジイジは、島のこと以外には無知だったんだね」

「喜ちゃんの言う通りだ。今メジロが鳴いているけど、オスとメスの鳴き声が違うのがわかるかい。

オスは『チーユッ』と甲高く雄々しい旋律で鳴いているね。冬の緊張した冷気を震わせて、遠くまで響き渡る声だ。一方、メスはオスよりも控えめに『チー』と語尾を下げて地味に鳴いているだろう。人間の男と女の声質とは反対で、オスの声を『ソプラノ』に例えれば、メスの声は『バリトン』のようだね」

「僕もメジロの声の違いは十分にわかるよ。鳴き声の美しさはオスが100点なら、メスは10点くらいだ。人間と違って、神様はオスにえこひいきをするんだね」

「メジロのオスは今の鳴き方以外にも、ほかに二つの〝持ち歌〟を持っているんだよ。春になるとオスはメスにその歌に託してラブコールを送るんだよ。一つは宇久島の方言では『フケリ』と呼んだ。一心に〝鳴き耽る〟様子からきた名前だろう。フケリはカナリアの鳴き声に似ている。葉陰に隠れ、比較的小声で遠慮がちにラブソングを歌うんだ。

もう一つの鳴き方を島の方言では『タカナエヲハル』と言った。これは『甲高い音を張り上げる』という意味だろう。その鳴き方はヒバリの鳴き声に似ている。

本来は弱く臆病なはずのメジロが、危険をも省みず周囲で最も高い木の梢に姿を現し、フケリとは対照的に、小柄な身には不相応な大音声で自己の縄張りと愛のカップルの誕生を宣言するかのように歌うんだ。オペラ歌手も敵わないくらい、実に素晴らしい美声だよ」

「来年の春が楽しみだなあ。僕もメジロのオスが木のテッペンでタカナエヲハル声を聞いてみたいな。ところでジイジ、オスとメスの羽毛の色は違うの」

「メジロは声だけではなく衣装もオスのほ

うがおしゃれだね。オスもメスも全体としては椿の葉の色に似た黄緑色で、喉から胸にかけて逆三角形の黄金色の密毛が生えているけど、この逆三角形の部分がオスのほうがより濃く鮮やかなんだよ。メジロは椿の蜜が大好きで、花から花へと嘴を突っ込んで回るから、嘴の周りは花粉だらけで金粉を塗したようになる。ジイジは子供心に、メジロの喉が黄色いのは、椿の花粉で羽毛が染まったからだと思っていたよ」

「ジイジ、僕もメジロが欲しいな。そこにいるメジロを捕まえてよ」

「ダメ、ダメ。鳥獣保護法という法律があって、メジロを勝手に捕まえると処罰されるんだよ」

「ジイジが子供の頃はどうだったの」

「そんな法律があったのかどうかは知らないが、島ではメジロだけでなくスズメ、ホオジロ、ヒヨドリ、カモ、ハトなど何でも勝手に捕っていたよ。もちろんメジロ以外は、焼き鳥にしたり、汁にして食べたものだ」

メジロの捕まえ方を孫に伝授

「メジロはどうやって捕まえたの」

「秋になってメジロが島にやって来ると、最初の1羽目は、竹竿の細い穂先に塗った鳥《とり》黐《もち》にくっつけて捕まえるのさ。そのことを島では『メジロ刺し』と呼んだ。鳥黐とはモチノキの樹の皮から取ったもので、鳥の羽にくっつく天然の接着剤のようなものだ。あとで作り方を教えてやるよ。

1羽目の囮《おとり》を捕まえた後は、その囮でほか

のメジロをおびき寄せ、落とし籠と呼ばれる一種の罠で捕獲していたよ。落とし籠とは、孟宗竹で作ったメジロ籠——この中に囮を入れる——の上にもう一つ作った小さな籠——一種の罠——のことだ。

例えて言えば、2階建ての家のようなもので、1階部分に囮を入れ、2階部分が捕獲用の罠になっている。囮の鳴き声に誘われて来たメジロがこの落とし籠の中に入ると、落とし蓋がパタンと閉じて逃げられなくなる仕組みになっている。この落とし籠の中には、メジロの好物の蜜柑、蒸かし芋、蜜いっぱいの椿の花などを入れておき、囮の鳴き声に誘われてやって来たメジロを中に誘い込むように仕組まれているんだよ」

「ジイジ、鳴き声の良いオスを捕るため、囮

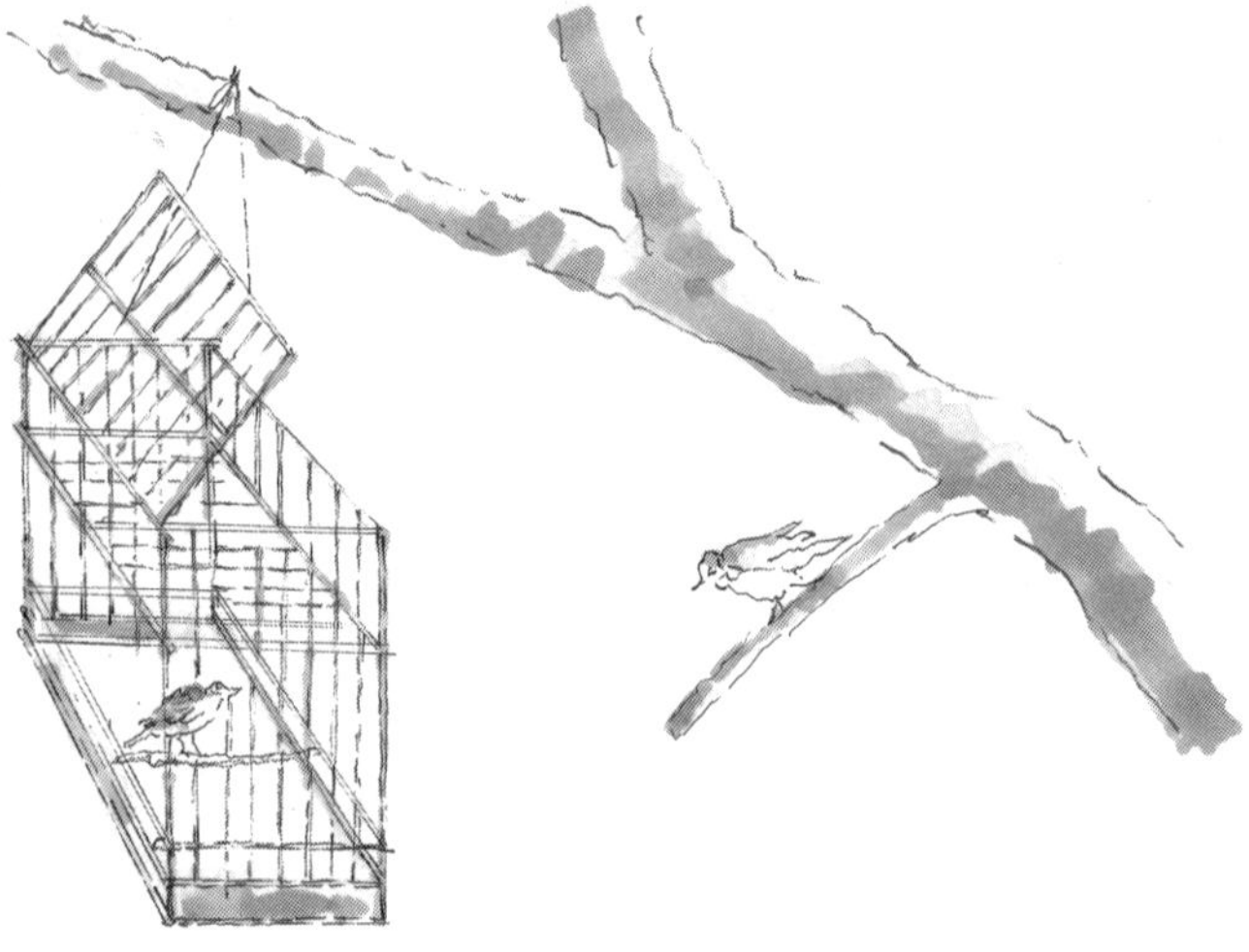

にはメスを使うんだろう」

「喜ちゃんは頭がいいね。その通りだよ」

メジロ獲り名人・寅吉爺ちゃん

私が生まれた福浦村は、島の南側で、海岸からは300メートルほどのところにあった。村の名前に「浦」という字がある通り、昔は村の傍まで深い入り江が入り込んでいたが、明治になってから入り江の入り口に「唐戸」と呼ばれる堰を作り、大規模な干拓が行われ、当時は立派な水田地帯となっていた。

私が少年だった昭和30年代当時には、12戸・100人ほどの村人が住んでいた。

「喜ちゃん、ジイジが子供の頃住んでいた小さな村にはメジロ捕りの名人がいたよ。その人は寅吉爺ちゃんという人で、ジイジと同い年の山口寅好君の祖父だった。

爺ちゃんはメジロ籠作りも名人で、土間に筵《むしろ》を敷いて、その上で孟宗竹を削って竹ひごを作ったり、竹の枠に錐で穴をあけたりして素晴らしい籠を作っていたよ。

爺ちゃんは、60歳を超え、痩せて、手足が長く、真っ黒に日焼けしていて、少しばかり腰が曲がり気味だった。歯はほとんどなかったなあ。年中ねじり鉢巻き姿で、夏は褌《ふんどし》一つだった。

のちに、昭和58年から60年頃だったと思うが、ジイジが山形県の陸上自衛隊神町駐屯地で普通科連隊の中隊長をしていた頃、アフリカのナミビアという国からニカウという名の男(俳優)がやって来て、テレビを賑わせたことがある。ニカウは南部アフリカのカラハリ砂漠に住む狩猟採集民族のブッシュマンだ。ニカウは痩せて手足が異常に長い男だった。ジイジはテレビでニカウを見た瞬間、『山口の爺ちゃんにそっくりだな』と思ったものだ。

寅好君は、生まれて間もなくお母さんを亡くしていた。だから、爺ちゃんはたった一人の孫を特別に可愛がった。メジロを何羽も飼ってやり、魚釣りにはいつも一緒に伝馬船に乗せて連れていってたよ。冠婚葬祭などに配られる餡子のいっぱい詰まった香砂粉《こうさこ》というお菓子も寅好君は独り占めだった。ジイジはそんな寅好君が羨ましかった」

鳥黐作り①モチノキの樹皮を採りに行く

「ところで、ジイジ、さっき話に出た鳥黐の作り方を教えてよ」

「そうだな。鳥黐作りは、ジイジにとっては実に楽しい思い出だ。山口の爺ちゃんは秋の気配が漂う頃になると、城ヶ岳の山頂付近に生えているモチノキの樹の皮を削ぎに行った。もちろん、メジロを捕る鳥黐をこしらえるためだ。

城ヶ岳は宇久島の中央部にある唯一の山で、標高は258・6メートルしかなかったが、ほかに高い山を見たことがないジイジにとっては富士山のような高山に思えた。ジイジをはじめ村の子供たち数人も、寅好君と一緒に爺ちゃんの後ろについていったものだ。

モチノキは海岸近くにある村の里山にはなく、城ヶ岳山頂付近の林にだけ自生していた。麻袋と鎌と弁当を持って爺ちゃんと子供たちの一行は山に登った。松林の続く麓を抜けて六合目あたりまで来ると一面の野芝のスロープが広がる。この場所はジイジが通った小浜小学校（現在は廃校）のお決まりの遠足の場所だったよ。遠足の時は、この野芝の上を裸足になって鬼ごっこしたり、段ボールや板切れなどで草スキーの真似もできた。

このスロープをなおも登ると、山頂付近に高射砲陣地の跡があった。戦時中に作られたもので、レンガなどが残されていた。『山の上から、アメリカ軍の飛行機めがけてズドン、ズドンと高射砲を撃っとった』と、爺ちゃんは子供たちに話してくれたものだ。その陣地の周辺に雑木林が広がっていた。

林に分け入り、モチノキを見つけると爺ちゃんは右手で鎌の柄を、左手で刃先を持って木に押し当て樹皮を剥ぎ取って、麻袋に詰めた。子供たちも、それを真似た。

一仕事終えると爺ちゃんと子供たちは、山の上から我が家のある麓の景色や沖に浮かぶ野崎島、小値賀《おぢか》島を眺めながら弁当をほおばった。弁当とはいっても、せいぜい蒸かし芋か麦飯だったが、その味は格別だった。

喉が渇くと、山頂から少し下ったところに湧いている泉に行き、山イチゴ（学名不詳、島の松林の中に自生し、6月頃甘い実をつけた）の葉をアイスクリームを盛るコーンカップのような形に畳んで、水を掬って喉を潤した。

腹が満ちると、山登りの疲れが出て少し眠

くなった。ジイジは芝生に寝転がって、透き通るような青い空に視線を放った。抜けるような青空を見ていると、果てしない天空に身も心も吸い込まれそうな錯覚と恐怖感を覚えて、慌てて漂う雲を見つけて縋《すが》りつくように焦点を取り戻し、『助かった』と思ったものだ。

後に石川啄木の【不来方《こずかた》のお城の草に寝ころびて空に吸はれし十五の心】という短歌を読んで、『ああ、啄木も同じ経験をしたのだなあ、僕が異常じゃないんだな』と安心したものだ。

城ヶ岳の山頂付近から見る秋の雲は、比較的近くに感じた。雲を眺めるのは、ロールシャッハの心理テストに似ている。ジイジは次々と現れるひとひらの雲に想像を膨らませていた。喜ちゃん、ロールシャッハの心理テストを知っているかい」

「ジイジ、大丈夫だよ。僕に知らないものはないよ。話を続けて」

「ジイジが眺めた秋の空には、未だ見たことのない夢の国の動物園やお菓子の国があったよ。次々に流れてくる雲が、ラクダやゾウ、パンやケーキ、リンゴとバナナに見えた。さらにはお母さんの笑顔など、イメージの世界が無限に広がっていたよ。

ジイジをはじめ子供たちにとってこの日は最高に楽しいピクニックだった。太陽が西海に傾く頃、ジイジたちは家路についた」

「僕もジイジの故郷の宇久島に行ってみたいな」

鳥黐作り②鳥黐を川で精製する

「いつか、喜ちゃんと鶴ちゃんを必ず宇久島に連れていくよ。次はいよいよ鳥黐を作る番だな。城ヶ岳登山の翌日、子供たちはまた山口の爺ちゃんにつき従って村の傍を流れる福浦川に行った。もちろん、前の日に持ち帰ったモチノキの樹皮から鳥黐を精製するためだ。

川は田んぼの中を流れる幅4メートルほどの小川で、村の近くには福浦橋が架かっていて、橋の傍には共同洗濯場があった。

洗濯場には、平べったい大きな石が置かれていたよ。爺ちゃんはその石の上に麻袋から樹皮を取り出し、木槌でコンコンと根気よく叩き、小さく砕いた。樹皮には鳥黐の成分が含まれており、細かく砕くと納豆のようにだんだん粘り気が出てくる。

最終的には樹皮の粉砕片を固めた大きいダンゴを作るんだ。この大きなダンゴを鶏の卵ほどの大きさにちぎって、冷たい水の中で丹念に洗って樹皮の細片を取り除いていくと、最後に少量の鳥黐が残る。爺ちゃんは、大きいダンゴをちぎってはこの作業を繰り返し、取り出した少量の鳥黐を化粧クリームの空き瓶に貯めた。

村の子供たちは、爺ちゃんの周りに集まってまるで魔法でも見るかのように一心にその手先に視線を注いだ。爺ちゃんが鳥黐のダンゴを水の中で洗うと樹皮の白い細片が流れに漂うとともに、鳥黐の成分の一部が水に溶けて、まるで夜空に打ち上げられる花火のように、虹色の油膜が次々と同心円状に水面に広がる。メダカや小ブナたちがこれをエサと間違えて、群がり寄ってくる。子供たちも水面に広がる虹色の油膜も、そしてメダカや小ブナたちまでもが、爺ちゃんのマジックハンドの周りでざわめいたものだ。

爺ちゃんはこうしてこしらえた鳥黐を、化粧クリームの空き瓶に入れて、宝物のように大切に保存した」

「ジイジ、僕も鳥黐を作ってみたいよ。都内にモチノキはあるの」

「あるよ。街路樹としても公園の木としても植えられているよ。今度ジイジと一緒に作ってみようね」

「ジイジ、必ずだよ。約束して」

「約束するよ、きっと」

「鳥黐ができたら、次は何をするの」

「鳥黐の次は、鳥黐竿を作る番だよ、喜ちゃん。山口の爺ちゃんは、近くの竹藪から4〜5メートルの女竹を切り取ってきて、これを炭火で炙ったり、濡れ雑巾で冷やしたりしながら真っすぐに延ばして竿を作った。

これとは別に、鳥黐を塗る部分用に1メートルほどの細い女竹を用意し、太いほうの竿に継ぎ竿ができるようにするんだ。

これで、メジロ刺しの準備は完了だ。爺ちゃんは、村にメジロがやって来た時にすぐに使えるように、太いほうの竿は自宅の前のビワの木に立て掛けて置き、細い継ぎ竿は、穂先に5センチくらい鳥黐を塗り、ゴミなどがつかないように家の中にしまっておいたよ」

「ジイジ、いよいよメジロ刺しをやる番だね。

どうやってメジロを刺すのか教えてよ」

神業のような「メジロ刺し」

「そうだ、いよいよメジロ刺しだね。待望のメジロの声が風に乗って聞こえてくると、爺ちゃんは右手の親指と人差し指の先にペッと唾を吐きかけて、継ぎ竿の穂先の鳥黐を丹念に塗り直してメジロの羽にくっつきやすくし、太い竿に継いだ。そして、その竿を持ってメジロの声が聞こえるほうに駆けていく。

ジイジをはじめ子供たちも爺ちゃんに遅れまいと走った。メジロの鳴き声がする椿の林まで来ると爺ちゃんは立ち止まり、小手をかざしてじっと木の間を凝視して、メジロの居場所を確かめる。

いる、いる！　密生した小枝の間を、数個の黒い影が、木の葉隠れにチョロチョロと巧みに移動しながら、椿の花の中に頭ごと突っ込んで熱心に蜜を吸っているのがジイジの目にもはっきりと見えた。

爺ちゃんは、その中の1羽に狙いを定め、スルスルと竿を繰り出す。爺ちゃんの繰り出す竿は、まるで獲物を狙うヘビのように、枝と枝の間を巧みに縫って伸びていく。

鳥黐を塗った穂先がヘビの頭と化したように狙いを定めたメジロに忍び寄っていく。子供たちの視線も心も鳥黐のついた穂先に貼りついているかのようだった。

メジロは、鳥黐竿が近づいてくると、不思議なことに、まるで金縛りにでもあったように、一瞬動けなくなってしまう。メジロは自分を狙って忍び寄ってくる得体の知れない魔物を、恨めし気に睨みつけているようにも見えた。

爺ちゃんは、竿の穂先をメジロから30センチほどのところまでゆっくりと近づけると、一瞬止めたように見えたが、次の瞬間、今度は目にも留らぬ早さでサッと穂先を突進させ鳥黐でメジロを絡め捕った。この様子は「メジロ刺し」の言葉通り、メジロを竿先で刺し通したかのようにジイジの目には映った。神業とはこのことだろう。

メジロは、次の瞬間金縛りから解放され、我に返って『チュウ、チュウ』とネズミに似た哀れな声を発してバタバタもがくが、もがけばもがくほどに鳥黐に絡まってしまう。

爺ちゃんは、すぐさま、小枝を避けつつ竿をたぐり寄せた。

それまで、爺ちゃんから少し離れて、じっと息をひそめて爺ちゃんの魔術を凝視していた子供たちは、爺ちゃんの傍らに駆け寄り、爺ちゃんの手のひらの中の『黄緑の宝石』を覗き込むのだった。メジロは間近で良く見ると、その名の通り、つぶらな黒い目のまわりにクッキリと短い白い羽毛が生え、嘴のつけ根には小鳥のくせに立派な鬚《ひげ》まで蓄えている。

メジロは、黒い尖った嘴で、爺ちゃんの手を突っついたり、噛みついたりして、精いっぱいの抵抗を試みていた。爺ちゃんはこの『駄々っ子』を指先であやしながら、鳥黐についた羽を損なわないように入念にメジロを鳥黐竿から外し、用意した鳥籠に入れた」

「ジイジの話を聞いていると、僕までもメジロ刺しの現場にいるような気になったよ。僕もやってみたいなあ。それから、その哀れなメジロはどうなったの」

「当然のことだが、メジロは籠の中で無闇《むやみ》矢鱈《やたら》に暴れ回ったよ。小さいながらも、体ごと竹ひごにぶつかったり、嘴を竹ひごの間に突っ込んで隙間から逃げようともがいたり。ひどい場合は嘴のつけ根の羽が擦り剥けて血が滲んだりすることもあるが、半日もすれば徐々に観念して大人しくなった。

爺ちゃんはこんなメジロの習性を知り尽くしていて、メジロを早く籠に慣らすために、厚手の風呂敷ですっぽり籠を包んだり、暗い押入れに入れたりもした。また、羽についた鳥黐は菜種油で丁寧に取り除いてやった」

「落とし籠」でのメジロ捕り

「ジイジ、次はそのメジロを囮に使って新しい獲物を捕るんだね」

「その通りだよ。喜ちゃんは、一度聴いたら全部理解しているね。こうして鳥黐で捕らえたメジロを今度は囮として利用するんだ。

さっきも言った通り、姿が美しく鳴き声の良いオスのメジロはメスの声に引き寄せられるので、囮にはメスを使う。囮を落とし籠に入れ、メジロがいる林に行く。メジロが集まって来そうな花をたくさんつけた椿の木を選んで、これによじ登って鳥籠を枝に吊るすんだ。当然その役目は、持ち主の寅好君だ。

寅好君は籠を吊るし終わると落とし蓋を開いて、5センチほどの支え棒の上の部分で落とし蓋を支え、棒のもう一方の端を落とし籠の中にある心棒を通した丸い竹の輪の上に乗せる。獲物のメジロがその竹の輪に止まるとクルリと回転して支え棒が外れて蓋がパタンと閉まる仕掛けになっているんだ。

寅好君が木から降りてくると、子供たちは少し離れた茂みの中に隠れる。獲物となるメジロを呼び寄せるため、子供たちは、囮に向かって口笛でメジロの鳴き声を真似て呼びかけ、囮が鳴き声を上げるように誘うんだ。

すると、子供たちの口笛に応えて囮が鳴き始める。子供たちは獲物がやって来るまで囮と口笛のキャッチボールを繰り返すんだ。

寒い山の中でホッペタを真っ赤にしながら子供たちが口笛を吹いていると、メジロたちの鳴き声が次第に近づいてくる。仲間の声が聞こえてくると、囮はいっそう寂しげな声を上げる。

メジロたちの声が賑やかさを増し、木々伝いにだんだん近づいてくる。空を背景に木の下のほうから透かして見ていると、木の葉かと見まがうほど小さなメジロたちの影がリズミカルに動いている。

『グズグズするなよ！　早く囮の籠に近づけ！』と少年のジイジは心の中で叫びながら手を握りしめ、メジロの影を追う。

メジロどもは、まるで子供たちをからかうかのように、囮に近づいたり、パッと飛び離れたりしながら遊んでいる。『早く落とし蓋の中のご馳走を見つけて中に入れ！』と何度も念じるが、なかなかそんなに上手くはいかない。群の中の1羽が囮の籠に近づいても、落とし蓋には近寄らず、囮のほうにばかり興味を示し、籠の竹ひごの隙間越しに囮と突っつきあったり、籠の周りをぐるぐる回ったりして、一向に落とし蓋の中に入っていく素振りを見せない。

『いまいましい奴め』と思っていると、何の前触れもなく、1羽が落とし蓋の中のご馳走に気づいて中を覗いたかと思うと、一瞬の迷いもなく落とし蓋の中に飛び込んだ。鉛の重しがついた蓋が閉まる乾いた音がした。

子供たちは、『ワッ』と歓声を上げ、茂みの中から飛び出し、籠の下に走り寄った。籠の持ち主の寅好君は素早く木によじ登って籠を地上に降ろした。捕まえられたメジロは必死になって、狭い『落とし籠』の中でもがいていた。寅好君は、蓋をわずかに開いて隙間から手を差し入れ、メジロを捕まえて取り出し、別の籠に入れた。

喜ちゃん、これが落とし籠によるメジロ捕りの様子だよ」

「ジイジ、落とし籠でメジロを捕る方法がよくわかったよ。落とし籠では、メジロ以外の鳥も捕れるの」

島では「外道」扱いのウグイス

「そうそう、ウグイスが来ることもあった。ウグイスは春から夏にかけての繁殖期には、『ホーホケキョ』と美声を上げるが、秋から冬の間は『チャッ、チャッ』と地味な鳴き声に変わるんだ。

宇久島では、その鳴き声の通り、ウグイスのことを『チャッチャッ』と呼んでいた。島では、ウグイスを珍重して飼う習慣はなかった。だから『チャッチャッ』という名前には幾分軽蔑の響きが込められていた。メジロに比べれば、ウグイスはいわば『外道』だった。

さらに迷惑千万な『客』がいた。モズだよ。メジロの声を聞きつけて、どこからともなくサッと飛んできて、メジロ籠の竹ひごの間から鋭い嘴を突っ込んで、囮のメジロに噛みつこうとするんだ。囮は魂消《たまげ》てパニック状態に陥り、羽をバタつかせながらムチャクチャに籠の中を飛び回る。

ジイジたちが助けに行くのが遅いと、哀れな囮は恐怖の中で暴れ回っているうちに、モズの鋭い嘴に掛かってしまうこともあった。だから、モズが襲来すると、子供たちは一斉に救助に向かう。『コラ！　バカタレ！』などと喚《わめ》きながらモズを追い払ったものだ。

島では、秋から冬にかけて、あちこちで、モズがトカゲ、アマガエル、バッタなどのほか、メダカ、ドジョウのような小魚までも木の枝に突き刺して『干物』にしている光景を目にしたものだ。モズは典型的な肉食の鳥だから、籠に入ったメジロなどは藪の中で逃げ場を失った格好の獲物に見えたに違いない」

メジロの飼い方

「ジイジ、捕まえたメジロはどうやって飼育するの」

「喜ちゃん、実を言うとね、ジイジ自身はメジロを飼ったことがないんだ。ジイジは学校から戻ると、山口の爺ちゃんの家に通い詰めて、メジロを育てるやり方をしっかり観察していたんだ。

まずはエサだね。宇久島では、エサは蒸し

た薩摩芋が主体だった。爺ちゃんは、蒸した芋をそのまま与えたり、口の中で咀嚼《そしゃく》したものを与えることもあった。

ちょっと贅沢なエサとしては、蒸した芋をベースに、大根の葉っぱを揉んで絞った青汁、煮干しの粉、黄粉などをすり鉢で混ぜ合わせて作ったものもあった。

春になると、メジロのオスはメスに対するラブコールとして美しい声で鳴き始める。前にも言った通り、このメジロのラブコールを島では『フケリ』とか『タカナエヲハル』と呼んでいた。メジロにラブコールを促すためには、動物性タンパク質を含むエサが必要なんだ。動物性タンパク質源としては魚粉のほかに昆虫の幼虫を与えていたよ。

ヘクソカズラの直径5ミリほどの茎の一部にピーナツ状に膨らんだ部分があるんだが、この中に島では「屁糞虫《へくそ》」と呼ばれる正体不明の蛾の幼虫が潜り込んでいる。この幼虫こそがメジロの好物だった。

山口の爺ちゃんは林の中からヘクソカズラを採ってきて、縁側に座って、小刀で膨らみを切り開き、白いブヨブヨした幼虫をつまみ出してはメジロに与えたものだ。メジロは細い嘴からはみ出すほど大きい幼虫を、目を白黒させながらもうまそうに飲み込んでいたよ。

メジロは、リンゴ、柿、蜜柑などの果物も好物なんだ。余談だが、人間のウンコは、何を食べても黄金色だけど、メジロの場合は柿やトマトを食べると、そのままの色の糞が出る。蜜柑を食べさせる場合は要注意。甘い温州蜜柑は構わないが、酸っぱい夏蜜柑を与えると、メジロの美声が嗄《か》れてしまうのさ。全部、山口の爺ちゃんが教えてくれたよ」

「ところで、ジイジはメジロを飼えなくて残念だったね」

「本当に残念だった。実は、ジイジの家では、お祖父さんもお父さんもメジロを捕ったり、籠を作ったりする趣味も特技もなかったので、ジイジ自身がメジロを飼うことは叶わなかったよ。だからこそ、少年のジイジは余計にメジロに恋い焦れていたのかもしれないね。

ジイジは、学校から帰るとすぐに上がり框《かまち》にカバンを放り投げ、竹林に囲まれた山口の爺ちゃんの小さな茅葺きの隠居家に駆けつけ、寒い中で、暗くなるまで、飽きもせず、籠の中のメジロに見入るのが常だった。ジイジのメジロに対する執着心は異常だったのかもしれないな。

メジロは、片時もじっとしていない。籠の中に平行に取りつけられた2本のナンテンの止まり木の間をリズミカルにそして器用に『回れ右』をしながら、行ったり来たりを繰り返す。そして、ほぼ定期的にエサをついばみ、糞をする。ジイジが口笛で誘うと美声で応じてくれた。山口の爺ちゃんの家には、数羽のメジロが飼われていた。だから、1羽が鳴けば、しばらくは木霊《こだま》のようにエールを交換するのが常だった。

ジイジは、今でも少年の頃のあの情景を思い出すと、耳の底にメジロの合唱が聞こえるような気がするよ。ジイジも、寅好君もそして村のほかの子供たちも、中学校を卒業するとそれぞれの道を進み、島を離れた。

ジイジが島を離れた後しばらくして、山口の爺ちゃんも博多に移住した息子(寅好君のお父さん)に引き取られたと母の手紙に書いてあった。

それからしばらく経って、また母から来た手紙には『山口の爺ちゃんは、やっぱり都会には馴染めず、半年も経たないうちに息子たちが止めるのも聞き入れず島に逃げ帰ってきた』と書いてあった。それから1年ほど後、『爺ちゃんは再び博多に連れ戻されたが、ほどなくして亡くなった』と書いてあった。

ジイジは少年時代の大事なメジロの思い出が何だか遠くに消えていくような気がして、寂しさを覚えたものだ。

ジイジは自衛隊を定年になった後、東京に住むようになった。今、目の前のサザンカの垣根でメジロが遊んでいるが、家の近くを散歩すると、住宅のわずかばかりの庭の植え込みや公園でよくメジロを見かけるよ。メジロは大都会の東京でも逞しく生きている。ジイジはメジロを見ると少年時代と同じように今でもわけもなく心がときめくんだ。

宇久島にはもう長い間帰っていない。東京でメジロを見つけると、その瞬間に少年時代の記憶が蘇り、宇久島での少年時代の懐かしい日々が思い出されるよ。

メジロは、少年の頃のジイジにとっては、まさしく『青い鳥』だったよ」

ジイジの「青い鳥」は二人の孫

「僕も知っているよ、チルチルとミチルの

兄妹の話。『青い鳥』は幸福の象徴だよね」

「ジイジも、宇久島を出て以来、チルチルとミチルのように『人生の旅』を重ね、幸福を探して回ったわけだ。日本中を回り、韓国やアメリカにまで渡って『青い鳥探し』をやったよ」

「ジイジ、結局、青い鳥は見つけたの」

「見つけたよ。とうとう見つけたよ。ジイジにとっての『青い鳥』は、喜ちゃんと鶴ちゃんだということがわかったんだ」

第三話　鎮台ゴッ

秋も深まったある日曜日、喜一が遊びに来た。いつものように、井草森公園に散歩に出かけた。公園の中を散策していると、シイの木の枝に直径1メートルほどの大きな巣を構えたジョロウグモに出会った。

早速喜一が興味を示し、質問してきた。

「ジイジ、これはなんていう蜘蛛なの。長い足が黄色と黒の縞模様になっているね。お腹はピンクがかってる。大きいやつの傍に、もう1匹小さいのがいるね」

「これはね、ジョロウグモというんだよ。大きいほうがメスで、小さいほうがオスだ。宇久島にはジョロウグモによく似たコガネグモというのがいたよ。ジイジが子供の頃は、これを野山から捕ってきて家の庭で飼っていたんだ。

　今日は、ジイジが宇久島の少年時代の思い出の一つとしてコガネグモの話をしよう。あそこのベンチに座ろうか」

　私たちは近くのベンチに座った。その日は小春日和で暖かく、風もなかった。

　私はスマホを取り出し、コガネグモのメスの写真を見せ簡単に説明した。次に、動画で「加治木くも合戦」と呼ばれる伝統行事で、コガネグモを戦わせる様子を見せた。喜一は食い入るように見ていた。

　私は、少年時代の思い出を語り始めた。

「喜ちゃん、ジイジが子供の頃、宇久島にはこの写真や動画に出てくるコガネグモがいっぱいいたんだよ。宇久島の方言では、蜘蛛の事を『コッ』と呼んだ。これからジイジが話すコガネグモのことを島では『鎮台ゴッ』と呼んでいた。

　鎮台とは明治政府によって、東京、大阪、熊本などに置かれた陸軍の軍団のことだ。因みに、西南の役の当初、西郷軍と勇敢に戦ったのは熊本鎮台の兵隊さんだったんだよ」

「僕もジイジに似て、歴史が好きなんだ。西南の役のことはよくわかるよ」

「喜ちゃんが歴史好きと聞いてジイジは嬉しいよ。コガネグモのメスは、よく喧嘩(闘争)をするので、戦を本領とする鎮台の兵隊さんのイメージに重ねて『鎮台ゴッ』と呼ぶようになったのではないかな。

　また、鎮台の兵隊さんの制服が黒の地に金

の筋模様がついていて、鎮台ゴッの体の色に似ていることからつけられた名前だという説もある」

宇久島の春の情景

「宇久島の春は海からやって来た。3月頃になると、宮城道雄の『春の海』の曲のように冬の荒海が一転して穏やかになり、海岸ではワカメやアオサなどの海草が伸び、カニや小魚の動きが活発になる。子供たちは未だ冷たい水に入り、それらを獲るのに熱中したものだ。春の蠢動《しゅんどう》はやがて海から陸に及び、段々畑には青々と麦が伸び、ヒバリが青空に舞い歌い、畑の畔にはスミレが咲きそろう。

子供たちはスミレの花で相撲をする。スミレの花には花房の下のほうに天狗の鼻に似た蜜の入った袋がある。この天狗の鼻を互いに掛け合わせて、それぞれの花の茎を二人の子供が互いに引っ張り合って、茎がちぎれたほうが負けだ。ジイジたちはひねもす暖かい畑の日溜まりでこのスミレ相撲に興じたものだ」

「スミレの花で相撲を取る遊びは、ジイジから教わって、鶴子とやったことがあるよ」

「ああ、そうだったね。スミレのシーズンが終わると、まもなく、男の子たちにとっては、さらに血を沸かせる遊びがある。それが『鎮台ゴッ』の喧嘩なんだ。

胴体に黄金色と黒色の縞模様がついた鎮台ゴッは、ほかの種類の蜘蛛よりもひときわ美しく、まるで武者のように凛とした気品がある。秋に孵化し越冬した鎮台ゴッは、3月初旬は1センチにも満たないが、暖かくなってエサの昆虫が増えるにつれ、脱皮を繰り返して急速に成長し、夏頃には3~4センチほどになる。巣も体の成長に合わせてだんだん大きくなり、はじめは低いところにあるが、次第に高い場所に移動する。低いところではバッタの幼虫など小さな獲物を捕食するが、高い場所に移るにつれ、蝶、セミ、トンボなど大き目の昆虫が獲物になる。

麦の穂が出始める4月の初め頃、子供たちは段々畑の斜面の小藪や松林などに分け入って鎮台ゴッの巣を探す。鎮台ゴッは風が遮られた陽当たりの良い場所を好んで巣を作る。鎮台ゴッが巣を作る場所は毎年ほぼ決まっていて、子供たちは過去のデータに基づいて、それぞれが『穴場』を知っていた。

鎮台ゴッを探して、麦畑や松林の中を歩いていると、紅い野アザミや白い野イバラなどが咲いている。これらの花にはハナアブ、ミツバチ、カナブン、蝶など、さまざまな昆虫が群がっている。特にカナブンは図々しくも花の真ん中にもぐり込んで独り占めにしている。

また、草の中を歩くとバッタやキリギリスなどの幼虫が驚いて跳びあがる。ジイジは、これらの花や昆虫も大好きだから、鎮台ゴッ探しは最高に楽しかったよ」

「鎮台ゴッ」の捕まえ方

「ジイジ、鎮台ゴッはどうやって捕まえたの」

「ジイジたちは、小枝のいっぱいついた枯れ枝を持ち、野山や畑の周りを歩き回って鎮台ゴッを探したよ。鎮台ゴッの巣を見つけると、その枯れ枝で巣ごと鎮台ゴッを巻き取って捕まえたんだ。

鎮台ゴッは、サイズが大きく、光沢があり、見るからに元気の良い奴が強い。また、体型としてはボクサーと同じように、手足の長い(＝リーチのある)蜘蛛のほうが戦う上で有利だ。島の子供たちは、手足の長い蜘蛛のことを『テナガ(＝手長)』と呼び珍重した。

一方手足の短いのを『ドンジュ(＝鈍重?)』と呼んだ。これはリーチが短いので当然ハンディはあるが、脱皮すると必然的に『手長』に生まれ変わるので、即戦力としては期待できないが、野山で見つけたら当然捕ったよ。

一つの枝に何匹も巻き取って家に持ち帰り、庭の夏蜜柑の木やマキの防風林などに放った。後はすべて鎮台ゴッ任せだった。翌朝起きて行ってみると、蜘蛛たちはそれぞれ自分の居場所を定めて新しい巣を作り終えていたよ。

時には巣を作っている場面に出会うこともあった。鎮台ゴッは、夜を徹して巣を作ったんだ。鎮台ゴッは昼も夜も活動していた」

「ジイジ、鎮台ゴッはどうやって巣を作るの」

「鎮台ゴッが巣を作る様子は、まるで匠の技、あるいは芸術家の妙技を見るようだったよ。鎮台ゴッは誰からも教わらないのに、素晴らしい糸織の芸術を見せてくれたんだ。

まず、巣の最上部となる1点に尻を押しつけて糸を固定し、そこからぶら下がって垂直に降り、巣の最下点に糸を固定する。この1本の縦糸を基準に傘の骨のように放射状に縦糸を張りめぐらす。これら放射状の糸の端は木の葉や茎などにしっかり固定される。

次は横糸を張る番だ。横糸は、外側から中心部に向かって反時計回りに螺旋状に糸を一定間隔で紡いでいく。縦糸と横糸はお尻を縦糸に押し当てることによって、すべて接合されている。1ミリの狂いもない完璧な網だ。

鎮台ゴッの巣、それはエサを捕るための罠であり、蝶やトンボなどの昆虫の通り道を塞ぐ待ち伏せ陣地になるんだ」

「鎮台ゴッ」の育て方

「ジイジは自宅で飼う鎮台ゴッをどうやって育てたの」

「ジイジの家の庭にはこの時期、夏蜜柑、ツツジ、ナシの花などが咲いていて、その甘い香りに誘われて蝶などの昆虫がやって来て、鎮台ゴッの巣に引っ掛かる。

だが、これだけではエサは不十分だ。鎮台ゴッをより早く成長させるためにジイジは時々バッタの幼虫やトンボ、カナブンなどを採ってきては鎮台ゴッの巣網を目掛けて投げ、エサとして与えていた。

ジイジが放り投げた哀れな昆虫は、鎮台ゴッの巣に引っ掛かると逃げようともがく。蜘蛛は巣の網に伝わってくる振動を敏感に足先でキャッチする。鎮台ゴッは意外と慎重だ。今度は自《みずか》ら巣を揺らして昆虫を驚かせてみる。

万一、木の葉や花びらなどが引っ掛かった場合は反応はないが、昆虫の場合は鎮台ゴッの揺さぶり作戦に反応してもがく。

それまでは巣の中央で1個の動かない〝物体〟だった蜘蛛は、昆虫が網に引っ掛かった瞬間から生気を取り戻し、本来の『狩人』に変身する。巣網に伝わる振動の源を目指して獲物に近づいていく。

まるで、目が良く見えるかのようだ。ジイジは生物学者ではないので、何とも言えないが、鎮台ゴッの退化したような小さな目が視覚として本当に機能するのかどうか疑わしい。すべては、獲物の発する振動を足先のセンサーで感じて動いているように見えた。

鎮台ゴッは、獲物まで辿り着くと足先で獲物を確認するや、お尻の先から極細の白い糸の束を、2本の後ろ足でフワリフワリと上手に繰り出して昆虫を巻き取ってしまう。

鎮台ゴッが糸の束を繰り出すのを目を近づけて良く観察すると、実はお尻の先に数個の赤い突起物があり、その一つ一つの先端から白いしなやかな極細の糸が魔法のように次から次へと湧き出ているのがわかった。

喜ちゃん、人間は今、蜘蛛から学んでいるんだよ。蜘蛛の糸はすごい素材の繊維であることがわかってきたそうだ。山形県の鶴岡市にスパイバー（Spiber）という会社がある。スパイバーという会社の名前は、『スパイダー（Spider＝蜘蛛）』と『ファイバー（Fiber＝繊維）』を組み合わせたものだそうだ。社長の関山和秀さんも喜ちゃんとジイジのように蜘蛛が好きだったに違いない。

関山さんは、蜘蛛の糸を研究し、微生物によるクモ糸タンパク質の人工合成とそれを使った繊維化に世界で初めて成功したそうだ。この強くて柔らかな蜘蛛糸の繊維のことを『QMONOS®』――蜘蛛の巣？――と名づけた。『QMONOS®』は石油を使わず、環境にやさしい素材だそうだ。将来、喜ちゃんも、関山さんのように昆虫や微生物を研究する道に進むかもしれないね」

「ウン、僕も昆虫を研究する道に進みたいな。ところで、ジイジ、獲物の昆虫を糸で巻き取った後、蜘蛛はそれをどうするの」

「そうそう、話を戻そう。獲物を網で素巻きにし、逃げる心配がなくなると、次はその獲物の両端の2カ所の糸だけを残し、ほかの糸を全部噛み切ってしまう。そして残った2カ所の糸を支点にして指先で獲物を回転させながら、お尻から吹き出す綿状の糸で改めて完全にグルグル巻きにしてしまう。

それが終わると、獲物を鋏のような牙(鋏角)で噛んで毒液(麻酔薬)を注入し動けなくしてしまう。

そして最後に、獲物を網に固定していた2カ所の支点を噛み切って、口にくわえて巣の中央(定位置)に持ち帰りゆっくりと時間をかけて昆虫の体液(養分)を吸い取る。このようにしてジイジが十分にエサを与えた蜘蛛たちは、脱皮を繰り返しながらどんどん成長していったんだよ」

「ジイジ、動画で見せてくれた『加治木くも合戦』のように、ジイジも蜘蛛を喧嘩させたの」

「鎮台ゴッ」の戦闘シーンを再現

「もちろんだよ、喜ちゃん。鎮台ゴッの価値は、その強さで決まる。だからジイジは、若い力士を鍛えるように、鎮台ゴッもまだ小さいうちから戦わせて訓練したんだ。

鎮台ゴッの戦いの土俵は1本の枝の上だ。枝は、樹皮がザラザラして蜘蛛の足の先の小さな爪が掛かりやすい素材を選ぶ。

　まず、巣から取り上げた2匹の蜘蛛を枝の両サイドに止まらせる。2匹の鎮台ゴッは、糸を出すお尻の先を枝にこすりつけるようにして糸をくっつける。この作業は、登山者が岩にハーケンを打ち込み、それにザイルを繋いで、滑落に備えるのに似ている。もちろん、蜘蛛のお尻はこの糸で枝に結ばれているので、万一足が枝から離れても、ブラリと糸にぶら下がって直接地面に落下することはない。

　行司役のジイジは、相対する2匹の蜘蛛を指先で少しずつ追い、公平に中央に向かって進め、蜘蛛同士が鉢合わせになるように仕向ける。2匹の蜘蛛は何度も枝に尻をこすりつけながら慎重にソロリソロリと前進する。

　蜘蛛同士が接近すると、いよいよ対決だ。蜘蛛は、目は良く見えないようだが、そのぶん足先は大変に敏感なんだ。

　2匹の足先がかすかに触れ合ったかに見えた瞬間、一瞬稲妻が走ったかと思われるほどの緊迫感が生じ、殺気が漂う。蜘蛛の足先がまるで剣のように動く。左右2本の前足を上げて、正眼の構え——この構えは相手を素早く押さえ込んで上からガブリと噛みつくのに格好の姿勢だ——一瞬、時間が止まったかと思うと、次の瞬間、フワリと足先が動きジャブを入れ、相手の動きを誘う。

　そして、しばらくは相互にジャブの応酬が続き、相手の隙を探り合う。サッと一瞬の隙を突いて、1匹が相手の足を制し、上から押さえつけて噛みつこうとする。噛みつかれたほうは必死で逃げようとする。一方は逃がすまいと執拗にタックルをかける。双方が揉み合い、ついには枝から離れ、尻から伸ばした糸につかまりながらの空中戦にもつれ込む。

勝敗の行方

やがて、勝敗を分ける時が来る。負けたほうはすべてを諦めたかのように早いスピードで糸を伸ばし、足を『万歳』の格好で伸ばしたまま落下する。

勝ったほうは、その糸を手繰り寄せて噛みつこうとしたり、敗者の糸を伝ってなおも追撃することもある。敗者はこれから逃れるために自ら糸を噛み切って地上に落下することもある。もし敗者が自ら糸を噛み切らない場合には、勝者のほうが、空中でみじめに宙吊りとなり一息ついている敗者の糸を噛み切って地上に突き落とす。これが勝利宣言なんだ。

勝負はこのように簡単に終わらない場合もある。負けそうだったやつが途中から態勢を立て直し、反撃に出ることもある。

最初の戦いで突き落とされても、再び糸を攀《よ》じ登り、再挑戦して相手を打ち負かす根性のある蜘蛛もいた。そんな緒戦で負けそうになった奴が、態勢を立て直して勝った時には、ジイジ自身が感動して『おまえは、根性のある奴だ、よく頑張ったな!』と声をかけたくなった。

2匹の蜘蛛の実力差が大きい場合には、弱いほうは哀れにも、逃げ遅れて、噛みつかれ、綿のような糸でグルグル巻きにされることもある。もちろん、ジイジはこんな場合には2匹の蜘蛛の間に人差し指を入れ仲裁して助けてやろうとした。驚いたことには、強いほうはジイジの指にまで噛みついてきたよ。

　一度負けると負け癖がつく。人間の中にもこの類《たぐい》がいるように、負け癖のついた蜘蛛はどことなく消極的で弱々しかった。

　ジイジはこんな弱い蜘蛛たちがかわいそうで、せっせとエサを与えて体力を回復させ、何度もチャンスを与えてやった。中には見事に立ち直り、力をつけるものもいた。そんな時は、自分のことのように嬉しかったよ」

「ジイジは、友達の蜘蛛とも喧嘩させたの」

「もちろんだよ。友達の蜘蛛と喧嘩させる時は、一層興奮し熱が入ったものだ。みんなそれぞれ自慢の蜘蛛を持ってきて喧嘩をさせたよ。勝つと嬉しいが、負けると悔しかった」

「勝つための秘策ってあるの」

「動画で見た『加治木くも合戦』では、戦わせる前に焼酎を吹きかけて闘争心を掻き立てるらしい。ジイジにはそんな秘策なんてなかったよ」

「ジイジ、戦わせる前に焼酎を吹きかけて闘争心を掻き立てるのはおかしいよ。蜘蛛は戦う前に酔っぱらってしまうじゃないか」

「それは、喜ちゃんの言う通りだな」

島で最強の蜘蛛「眠狂四郎」

「ところで、ジイジが育てた鎮台ゴッの中には珍しい奴や変わった奴はいたの」

「いろいろ面白いのがいたよ。強い蜘蛛が育つ自然環境は、陽当たりが良く、エサが豊富なことだ。島で陽当たりの良い所には、時々、『陽《ヒ》ゴッ』と呼ばれる赤っぽく輝く鎮台ゴッが見つかることがあった。人が日焼けするように、日光をいっぱい浴びた鎮台ゴッは、赤っぽく変色したのではないかとジイジは考えていた。この陽ゴッは、鎮台ゴッの中でもめっぽう強いので珍重された。

ジイジは子供の頃、『昔の武士の中では薩摩隼人が一番強かった』と書いた本を読んだことがある。ジイジは薩摩隼人が強かった理由は、『陽ゴッのように南国の太陽をいっぱい浴びたからに違いない』と勝手に理解していた。そして、『陽ゴッは、鎮台ゴッの中の薩摩隼人なのだ』と考えていた」

「ジイジは子供の頃から想像力が豊かだったんだなあ」

「喜ちゃん、その通りだ。マンガ『天才バカボン』に出てくるパパのようにジイジの思考は、かなり空想的でハチャメチャだったよ。

鎮台ゴッの中にも変わり種がいたよ。見た目には弱そうに見えるが、めっぽう強い奴がいた。その蜘蛛は、山道広吉君という二つ年上の少年が飼ってた奴だ。子供たちはその蜘蛛に眠狂四郎《ねむりきょうしろう》というあだ名をつけた。喜ちゃんは眠狂四郎を知っているかい」

「知らない。何なの」

「眠狂四郎は、時代小説の名手・柴田錬三郎の小説に登場する剣客だ。ニヒルな男で、円月殺法という剣術を用いて平然と人を斬り捨てる。ジイジたちが眠狂四郎と呼んだ蜘蛛は一応『手長』ではあったが、まるで精気がなく、普段はデレッとしていて動きは緩慢だった。

狂四郎はものぐさで、まともな巣も作らなかった。家もなく、あてどもなくさすらう人間、狂四郎そっくりだった。

戦う土俵――枝の上――に登っても、けだるそうに後ろ足2本だけでダラッとぶら下がったままで、少しも戦意が見られなかった。戦う相手の蜘蛛が徐々に間合いを詰めてきても身じろぎもせずにただじっとしていたよ。まるで狂四郎が冷たく相手を見放ち、月光に照り映える剣を持ったまま微動だにしない姿に似ていた。

ところが、相手の蜘蛛が懐に入るや、別人、いや『別の蜘蛛』と化し、目にも止まらぬ早業で噛みついて打ち負かす。ただ『眠狂四郎』はほかの蜘蛛の習性と違って相手を糸で巻きつけようとはしない。そんな変わった奴だった」


「ジイジ、僕もいつか宇久島に行って鎮台ゴッを捕って戦わせてみたいなあ」

「ジイジも是非、喜ちゃんと一緒に宇久島に行きたいものだ。目を閉じると今でも、蜜柑の葉陰の巣に陣取った鎮台ゴッの凛とした姿がありありと瞼の裏に蘇るよ」

第四話　カモ

冬のある日曜日、喜一と新宿御苑に出かけた。玉藻池に行くと、カルガモ、オナガガモ、マガモ、キンクロハジロなどがいっぱいいいた。早速、喜一が私に尋ねた。

「ジイジ、宇久島にもカモはいたの」

「たくさんいたよ。でもこんなふうに人間の近くで悠々と泳ぐことはなかったなあ。人間が近寄るとすぐに飛び去ったよ。当時、宇久島の人たちは、鳥を見るとすぐに捕まえようとするから、鳥も警戒心が強かったわけだ」

「なんで鳥を捕まえるの」

「食べるためさ。ジイジが子供の頃の宇久島では、肉といえば鶏肉で、豚肉や牛肉などはなかった。鶏肉も自宅で飼っているのを潰し、自分たちの手で捌《さば》いて食べていたんだ。ジイジの家では3カ月に一度くらい食べた。

ジイジのジイジにあたる多四郎祖父さんが、鶏の首を絞めて殺し、羽をむしり、稲藁の火で綿毛を焼いた後、解体して肉にしてくれた。ジイジは多四郎祖父さんが鶏を殺して捌くのをすぐ傍で見ていたよ。

島の子供たちはカモもキジもハトもヒヨドリもスズメも見つけ次第、追いかけたり石を投げたり、手作りのゴム銃で撃ったりして捕まえようとしたものだ。ジイジはカモやキジやハトの肉を汁にして食べたことがあるよ。美味しかった。ヒヨドリやスズメは焼き鳥にしたよ」

「野鳥も人間の対応次第で、人に慣れたり怖がったりするんだね」

「その通りだね。今日はせっかくの機会だから、喜ちゃんにジイジがカモを釣った話をしてあげよう」

「エーッ、ウソ！　カモを釣るの。魚みたいに？」

「そうだよ。鳥を釣り針で釣るんだよ。ここは座るところがないから、すぐそこの大木戸休憩所で何か温かいものを飲みながら話そう」

私は、喜一と大木戸休憩所で、温かい缶入りのお汁粉を飲みながら話をした。

「ジイジは、子供の頃から狩猟に興味を持つようになった。そうなったのは、小学校5年生の時の担任の宮崎久巳先生の影響が強かった。宮崎先生は狩猟が趣味で、何丁もの散弾銃を持ち、ポインターやセッターなどの猟犬を飼っておられた。先生はカモやキジなどの猟に出かける時に、時々ジイジをお供に連れていってくれたんだ」

「なぜ宮崎先生はジイジだけを可愛がってくれたの」

「よくわからないが、ジイジが鳥や動物が好きだったからかな。宮崎先生が学校の宿直の時は、よく泊まりに行ったものだ」

担任の先生とハト猟を経験

「ある冬のこと、その日、宮崎先生は宿直担当だった。先生は夕方、銃を持って学校近くの竹林に、ジイジをハト猟に連れていってくれた。竹林に着くと、先生はジイジに小声でこう言った。

『隆ちゃん、もうすぐハトが塒《ねぐら》の竹林に帰ってくる。竹林の埒に降りてくる前に、すぐそこに聳《そび》えるセンダンの木の枝に止まる。それを先生が撃ち落とすから拾ってきてくれ』と。しばらく待つと、先生が言った通り、ハトが数羽飛んできてセンダンの木に止まった。宮崎先生はハトに狙いを定めてズドーンと撃った。轟音が響くや、たちまちハトが2羽、竹林の落ち葉の上に『ドサッ』と音を立てて落ちてきた。

ジイジはすぐに拾いに行った。もはや、生きた鳥ではなく、2個の『物体』だった。ハトは体から血を流して息絶えており、微動だにしなかったが、まだ十分に温かかった。ジイジは、『ハトがかわいそうだ』と思う一方で、宮崎先生が銃でハトを撃ち落とす場面を身近で見た興奮が冷めやらず、複雑な心境だった。両手でハトを拾い上げて先生のもとに戻った。

先生は新しい弾を込めていた。付近には硝煙の匂いが漂っていた。もう帰るのかなと思ったら、先生はこう言った。『ハトには学習能力がない。鉄砲の音で逃げた奴がまた舞い戻ってくる。見ていなさい、隆ちゃん』と。

先生の予言通り、15分ほど経つと数羽のハトがまた戻ってきて、センダンの木に止まった。再び銃声が響いたがハトは前回同様に『ドサッ』とは落ちてこなかった。散弾が当たったのは事実だが、まだ生きており、途中で竹の枝にしがみついてバタバタもがいていた。

宮崎先生が、『隆ちゃん、あの状態を〝半矢〟といって、まだ逃げる可能性がある。ハトが止まっている竹を揺すって、落ちてきたら捕まえなさい』と言った。ジイジが先生から言われた通りに竹を揺さぶると、ハトは地面に落ちてきた。ジイジが近づくと、バタバタともがいて逃げようとした。ジイジが追いかけて捕まえると、しばらくはもがいていたが、やがてグッタリとして、動かなくなった。

先生は引き続き戻ってくるハトを数回にわたって撃ち落とした。あたりは暗くなってきたので、先生とジイジは猟を止めて宿直室に引き上げた。

ジイジがハトの毛をむしり、先生がそれを解体した。先生は醤油仕立ての鍋料理を作ってくれた。野菜は、学校の菜園にある白菜や春菊を入れた。ジイジは、その時食べたハト鍋の味は忘れたが、塒に戻ってくるハトを宮崎先生が銃で次々に撃ち落とす様子は今も鮮明に憶えているよ。喜ちゃんが興奮して遊ぶゲームとどっちが面白いだろうか」

「それは、実際に猟銃でハトを撃ち落とす場面を見るほうが面白いに決まってるよ。ジイジが羨ましいな。担任の先生と仲良くなってハト撃ちにまで連れていってもらうなんて」

「そうだな。ジイジは今も宮崎先生に感謝しているよ。宮崎先生の国語の授業では、椋《むく》鳩十《はとじゅう》という動物作家が書いた『大造じいさんとガン』という物語が教科書に出てきた。

狩猟を生業とする72歳の『大造じいさん』がガンの群れを捕らえようとするが、翼に白い混じり毛を持つガンのリーダーの『残雪』に阻まれ失敗を重ねるうちに、いつしか爺さんの心の中に『残雪』に対する尊敬の念と愛情が生まれるという感動の物語だったよ。

宮崎先生は普段から授業の合間に、カモや

キジの習性や猟の様子などについて話してくれた。だから、国語の授業で読んだ『大造じいさんとガン』の物語はジイジにとってはいっそう印象的で興味深いものだった。ジイジは、この物語を何度も何度も繰り返し読んでは感動したものだ。

喜ちゃんが『魚を釣るというならわかるが、本当に鳥が釣れるものだろうか?』と訝《いぶか》るのは当然だ。でも、『鳥を釣る』というのは本当なんだ。

『大造じいさんとガン』の物語の中にも栗野岳の麓の沼地で大造じいさんがウナギの釣り針にタニシのエサをつけ、泥の中に深く打ち込んだ杭に道糸を繋ぐ場面が出てくるよ。宇久島でもこれと同じようにして、カモを釣り針で釣っていたよ」

「エーッ、ジイジ、カモを釣るって本当なんだね」

縄文時代のカモ猟を想像する

「本当だとも。宇久島には冬になると数も種類も多くのカモが渡ってきたよ。大昔からそうだったらしい。島の東端に長崎鼻という名の岬がある。この岬沿いに1キロメートルほどの砂丘が広がっているが、ここには今でもカモがたくさん集まる。因みに、この砂丘から縄文時代の鏃《やじり》がたくさん出土している。おそらく、縄文時代もこの砂丘で、何千羽ものカモが羽を休めていたのだろう。

ジイジは縄文時代のカモ猟をこう想像していた。髭《ひげ》モジャモジャの縄文人数名が、灌木や砂丘などの陰に身を隠しながらカモの大群に忍び寄り、弓に矢をつがえ、至近距離から群れの中心めがけて一斉に矢を放つ。狩人たちは、1羽1羽のカモに狙いを定める必要はなく、カモが犇《ひし》めき合う群の中心を目がけて矢を放てばいいんだ。

突然の矢の襲来に驚いたカモたちは『ガア、ガア』と鳴き騒ぎながら飛び上がる。きっと、空が暗くなるくらいの大群だったんじゃないかな。そして、運の悪い数羽だけが矢に当たって海中に落ち、縄文人の貴重な食糧となったことだろう。たまたま、カモに命中しなかった鏃が長い時の流れを経て、砂の中から発掘されるのだろうね。

いずれにせよ、水鳥の好む湿地や水田が比較的多い宇久島には大昔から冬になるとカモがたくさん渡ってきていたのは事実だろう」

「ジイジは相変わらず想像力が逞しいね」

「喜ちゃんだってその点はジイジに似ているじゃないか。カモは、昼間は人間、イタチ、猫やタカなどの敵から身を守るため、波の穏やかな入り江などに群れになって漂いながら、羽を休めている。そして、夕方になると海から飛び立ち、島の水田や沼地に向かう。田んぼの中に落ちている稲穂、雑草の種、ヤゴなどの水生昆虫を食べるのだろう」

「ジイジ、イタチやタカがカモの天敵になるのはわかるけど、水が嫌いな猫がカモの天敵になれるの？」

「カモ捕り猫」の話

「喜ちゃんが疑問を持つのも当然だね。そこで、カモを捕らえる猫の話を紹介しよう。

ジイジが小学生の頃、我が家には『カモ捕り猫』と呼ばれる野良猫が居ついていたんだ。この猫の名前は、夜の間にカモを捕らえて我が家に運んできてくれたことに由来するんだ。

水を嫌う猫が、どうやって田んぼの中にいるカモを捕らえることができるのかわからない。多分、水田の傍の小藪に隠れていて、近づいてきたカモに噛みついて捕らえたのだろう。

不思議なことにこの猫は、カモの肉には口をつけなかった。ただカモを獲物として捕ることだけに興味を持っていたのだろう。いずれにせよ、この猫が、我が家に時々最高級のカモ肉をプレゼントしてくれていたのは事実だ。

ジイジが生まれた福浦という集落には、島では珍しく広い水田が拓かれていた。前にも話したが、福浦の『浦』の字の通り、昔は長大な入り江だったものを、潮止めの大きな堤防と『唐戸』と呼ばれる灌漑施設により、入り江を水田に作り変えたそうだ。

ジイジの家は水田のすぐ近くにあったが、夕方になると海のほうからカモが群をなして飛んできた。夕日が水平線に沈む頃、我が家の庭に出て薄明るい空を見上げていると、『ヒュッ、ヒュッ』と空気を切り裂く羽音が聞こえ、カモの黒い影が数羽ずつ連れだって飛んでいくのが見られたものだ。カモは体重2キロ前後と相当重い鳥だが、首をまっすぐに伸ばし、ジェット戦闘機のように編隊を組んで直線的に速いスピードで飛んでいく。

夕食後、ジイジの家族が囲炉裏端で団欒していると、すぐ近くの田んぼの中から、『ガア、ガア、ガア』とカモたちが鳴き騒ぐ声が聞こえたものだ。ジイジは、家族との会話には気もそぞろで、カモの様子が気になった。

『あの賑やかな鳴き声は、運動会でもしているのか、あるいは、ご馳走がいっぱいあるので歓声を上げているんだろうか』と想像を逞しくしたものだ。

そんな夜の翌朝、カモたちの鳴き声がした田んぼに行ってみると、カモたちが『運動会や宴会』をした後の水田の水はすっかり濁り、あたりには水掻きの縁取りのある無数の足跡や白っぽい糞、あるいは抜けた羽毛などが散乱していた。

当時のジイジは、このありさまを見ただけで、前夜のカモたちの盛り上がった様子を鮮明にイメージできる不思議な能力があったような気がする」

「ジイジがカモ釣りを始めたきっかけは何だったの？」

「さっきも言ったように、ジイジは『大造じいさんとガン』の物語を読んで強い影響を受け、カモを釣ってやろうと思い立った。二つ年上の早梅和義君のお父さんで、ジイジのお母さんの義理の伯父にあたる早梅虎一さんから仕掛けを教わった。伯父さんは、いろいろ親切に教えてくれた。

その最後に『カモは頭の良か鳥ばい。そいじゃけん、カモより頭の良か人間しか釣りきらんとたい。知恵を使って、人間が仕掛けたことがわからんごとせにゃならんとたい。隆ちゃんは利口もんじゃけん、釣れるかもしれんね』と励ましてくれた。ジイジは嬉しかった。

そしてなんだか釣れそうな気がしてきた」

カモ釣りの仕掛け

「カモ釣りの仕掛けはどんなものだったの」

「釣り糸はジイジのお母さんの弟、道下長作叔父さんからもらったもので、刺し網補修用の糸を使った。この糸は細くてしなやかだが十分に強かった。堅い釣り糸だと、カモがエサを口にくわえた時に、糸の存在に気づいて吐き出してしまう可能性があった。

また、糸の色は海老茶色で、田んぼの泥の色に似ていて、カモフラージュになる。この糸を約2メートルほどの長さに切って使った。それ以上長くすると、カモが釣り針に掛かった際、十分に加速して飛び上がり、糸を切ってしまう恐れがあると思ったんだ。

釣り針には鯛などの比較的大型の魚に用いる丈夫なものを使った。これらの仕掛けを、釣り竿の代わりに長さ50センチほどの木杭に結びつけた。エサは厚さ1センチくらいで、一辺が1・5センチほどの菱形に切った生の薩摩芋だった。

ある寒い冬の夕方、ジイジはこれらの仕掛けを持って、前夜カモたちが大宴会を開いた跡が残っている田んぼに向かった。

畔道伝いに田んぼの中に入っていき、カモたちが今夜も宴の食卓に選ぶと思《おぼ》しきあたりの稲の刈り株の傍に、仕掛けを結びつけた杭を打ち込み、長靴で杭の頭が土の下10センチくらいに入るまで踏み込んだ。

そしてさらに杭の頭が刈り株の真下に来るように横に動かした。こうしておけば、杭はカモからは見つからないし、カモが針に掛かって杭を引き抜こうともがいても、杭の頭が刈り株に引っ掛かって抜けにくくなるとジイジは考えたんだ。大造じいさんが泥の中に深く打ち込んだ杭に道糸を繋ぐのと似たやり方だ。

釣り針のついた芋のエサはカモの目につきやすいように稲の刈り株の上に立てて置き、釣り針が露出した部分は株の中に隠れるように細工した。

また、糸は、カモがエサをくわえた時にピンと張って感づかれないように全体にたるみを持たせ、小枝などを使って柔らかい泥の中に数ミリ埋め込んだ。釣り針のついた本物のエサの周りには薩摩芋の切れ端を撒き餌として置いた。最後の仕上げに、自分の足跡を丁寧に消して元の状態に戻し、『完全犯罪』の手はずは整った」

「ジイジ、それだけ念入りに仕掛けて、結果はどうだったの」

「喜ちゃん、そんなに簡単には釣れなかったよ。カモ釣りは、まるで探偵と知能犯の関係に似ていた。警戒心が強く頭の良いカモは、ジイジの仕掛けを見破り、釣り針のついたエサだけを残し、撒き餌は全部平らげるありさまだった。何度も失敗を重ねたが、そのたびにジイジは教訓を学び、工夫を凝らし、諦めることなく知能犯攻略に執念を燃やしたんだ」

「ジイジ、結局カモは釣れなかったの」

「ジイジに失敗などあるものか。努力をすれば必ず報われるんだよ、喜ちゃん。

仕掛けた場所は、ジイジの家から150メートルくらい離れた水田の中だった。毎朝目を覚ますと、『今日こそは』と期待に胸をときめかせながら、タブの巨木の傍にある便所小屋付近から眺めたものだ。ジイジの家の便所は、母屋から離れたところに建てられた瓦葺きの小さな小屋で、そこからは釣り針を仕掛けた田んぼがよく見えた。

仕掛けて3日ほどは失望の朝が続いた。便所小屋から確かめるだけでは満足できず、福浦川の土手伝いに仕掛けのすぐ近くまで行って、カモが釣れていないかどうか再確認する念の入れようだったよ。

カモは、種類によって羽色が違う。マガモのオスは青首と呼ばれ、その名の通り、頭部が濃緑色で白い首輪があり、胸は栗色をしている。胴体の部分には白い羽毛が生えているので、田んぼの中でも比較的見つけやすい。しかし、マガモのメスやカルガモ(オスもメスも)は枯れ草のような地味な色なので、便所小屋から見る距離ではカモの姿を見逃してしまう恐れがあった。毎朝確認するたびに仕掛けをチェックし、エサを新しいものに取り換えるなどの工夫を凝らして、翌朝の成功を期した」

ついにカモ釣りに成功! しかし……

「仕掛けて4日目だったと思う。もう諦めかけていたその朝、いつものように便所小屋の傍から仕掛けた場所を眺めてみると、なんと白い羽毛のようなものが散乱しているではないか。『ひょっとしたら、カモが掛かったとじゃなかろうか!』と、一瞬胸が高鳴った。

急いで家から駆けだし、田んぼに向かった。近づいてみると、なんと、散乱した羽の真ん中に、カモが長い首を伸ばして、横たわっているじゃないか！

近寄って調べてみると、無残にも胸の肉が少し食われていて、その周りの羽が抜けて、一面に散乱していた。羽には肉片がついたり、血糊がへばりついたものもあった。そして、イタチの足跡がそこかしこに残されていた。カモは前の晩に釣り針に掛かり、その直後、イタチに襲われたようだった。

「宇久島にはイタチが多かったの」

「多かったね。島にいる肉食獣は、犬や猫を除けばイタチだけで、キツネもタヌキもいなかった。だからイタチは、島の中で我が物顔に振る舞っていたんだ。

昔は、魚釣りの帰りに夜道を急いでいると、魚の匂いを嗅ぎつけて数匹のイタチが『チャッ、チャッ』と鳴きながら追ってきたり、さらに多くのイタチが『イタチのピラミッド』を作って行く手を遮ったりして人を驚かせたと、ジイジのシマお祖母ちゃんが囲炉裏の傍で語ってくれたものだ。

島民は『イタチのピラミッド』のことを、『ネコダマキ』と呼んでいたそうだ。『ネコダ』とは、藁と縄で編んだ大型の筵で、麦や大豆などを天日干しする時に使った。だから、『ネコダマキ』とは、ネコダをクルクルと巻いた状態を指すのだ。暗闇の中で、イタチが群れを成して集まると、ネコダを巻いたように見えたのだろう。島民は夜目にこんなイタチの群れを見ると、さぞかし驚き恐れたことだろうね。

忌々しいイタチは、時々ジイジの家の鶏を襲いにやって来た。イタチは鶏小屋に入り込んで鶏の喉笛を噛み裂いて生き血を吸うんだ。これを防ぐために、アワビの貝殻を鶏小屋の周りに何個も吊るしておいた。貝殻の内側が、キラキラと輝き、風が吹くとカラカラと鳴るのをイタチが恐れるのだと聞いた」

「ジイジ、わき道に逸れないで。初めて釣ったカモの話を続けてよ」

「カモば釣ったよ！」

「ジイジが獲物を取り上げてみると、カモはしっかりと目を閉じ、体は冷えて硬直していた。獲物はカルガモで、かなり大型でズッシリと重かった。羽の色は褐色で大きさから見てオスのようだった。

羽には、油がたっぷり塗りこめられ、水掻きは黄色で、脚は思ったより細く、鶏のそれより貧弱だったのを覚えている。

ジイジは、ついにカモを釣ることができた嬉しさを堪えきれず、同様に仕掛けを見回りに来ていた村の少年たちに『オーイ！　カモば釣ったよ！』と大声で叫び、頭上にカモを高々と揚げて見せた。

早速我が家に持ち帰り、お父さんとお母さん、お祖父さんとお祖母さん、それに弟妹にも見せた。『大したもんたい』と皆が褒めてくれた。弟の博と妹の静子は珍しげにカモに触れ、兄の実力を認めてくれた。ジイジは、それでも満足できず、カモを教科書と一緒にカバンに入れて、小学校にまで持っていった。級友だけでなく宮崎先生にも報告せずにはいられなかった。鳥猟の先生でもある宮崎先生から褒められたのは、最高に嬉しかった。

　当時、村では肉といえば、魚肉や鯨のほかにはたまに鶏を潰して食べるぐらいだったから、カモ肉は珍しいご馳走だった。その夜は、ネギや白菜と一緒にすき焼き風にして、家族全員で食べた。その後も何羽か釣れたけど、最初の時ほどの感激はなかったなあ。

　佐世保の高校に入学するために島を出て以来、カモはジイジの周りから居なくなってしまった。今日、こうやって喜ちゃんと一緒に久しぶりにカモを見ていると、少年の日にカモを釣った思い出が蘇るよ」

「ジイジにとって、カモやメジロなど、東京で見る生き物は、全部少年時代の楽しい思い出と繋がっているんだね。幸せじゃない。僕がジイジの年頃になったら、どんな思い出があるんだろう」

「喜ちゃんが大人になってから、カモやメジロなどの生き物を見て、ジイジのことを思い出してくれたら最高に嬉しいよ」

第五話　クサビ

喜一が小学4年の夏休みで、お盆の頃だったろうか。遊びに来ていた喜一がこう言った。

「ジイジ、僕は夏目漱石が書いた『坊っちゃん』を読んだよ。とても面白かった」

「へー、喜ちゃんも『坊っちゃん』を読んだのかい。物語の中に魚釣りの場面が出てきただろう。ジイジは、あの場面が宇久島の魚釣りに似ていて興味を持って読んだものだ」

「そうそう、『坊っちゃん』が『ゴルキ』という魚を釣る場面があったね。気が短い坊っちゃんはもともと釣りが好きではなかったけど、赤シャツという綽名《あだな》の教頭(上司)に誘われたから渋々行ったんだよね」

「あの話に出てくるゴルキという魚は、喜ちゃんはどんな魚だと思う」

「本の中では、坊っちゃんがゴルキについて船頭から聞いた話として、『この小魚は骨が多くって、まずくって、とても食えないんだそうだ。ただ肥料《こやし》にはできるそうだ』と書いているよ」

「クサビ」という魚への思い入れ

「さすがの文豪・漱石も釣りや魚の知識は乏しかったようだね。坊っちゃんは、赤シャツに『君、釣りをしたことがありますか』と聞かれて、『子供の時、小梅の釣り堀で鮒を三匹釣ったことがある。それから神楽坂の毘沙門の縁日で八寸ばかりの鯉を針で引っかけて、しめたと思ったら、ぽちゃりと落としてしまった』と答えた。坊っちゃん、すなわち漱石の魚との出会いはこの程度だから、ゴルキがどれほどの価値のある魚か、全く知らなかったと思うよ。『坊っちゃん』に出てくるゴルキは、実はベラの仲間の『キュウセン』のことだそうだ。そのキュウセンのことを宇久島では『クサビ』と呼んでいたよ。ジイジにとってゴルキ、すなわちクサビは特別に思い入れのある大切な魚なんだ」

「ジイジ、クサビは、船頭が言うように骨が多くって、まずいの」

「そんなことはない、美味い魚だよ。クサビは、宇久島の人なら誰でも好んで食べる魚だった。五島近海は好漁場で、サバやイワシなどの大衆魚もたくさん獲れるけど、これらは、大型の漁船や高価な漁網が必要で、誰にでも手に入るものではない。一般の島民が持っている小さな伝馬舟で、手っ取り早く釣れる魚は、やはりクサビだった。

クサビ料理には、味噌汁、煮付け、干物や背切りなどがある。『背切り』というのはクサビの鱗を剥いで、頭と内臓を除いた後、文字通り背骨ごと1センチほどの厚さに輪切りにし、キュウリをスライスしたものや、シソの葉を刻んだものと一緒に酢味噌で和えた、膾《なます》料理のことなんだ」

「へー、そうなの。クサビの評価が瀬戸内と宇久島では違うんだね。釣り方も違うんだろうか」

「いつ頃だったか定かではないが、ジイジは『坊っちゃん』が映画化されたものを観たことがあるよ。〝ターナー島〟の見える瀬戸内の沖に小舟を漕ぎ出して魚を釣る場面があったが、瀬戸内海の景色は宇久島のそれとそっくりだったなあ。仕掛けもエサも釣り方も同じだったよ。そして、釣り上げられたゴルキという名の魚は、まさしくクサビそのものだったよ。喜ちゃんに、ジイジの少年時代のクサビ釣りの話をしてやろうか」

「ジイジ、その話、是非聞きたいよ」

ご馳走だったお米のご飯と魚のおかず

私たちはソファーに座って、クサビ釣り談義を始めた。

「クサビは、春から秋にかけて良く釣れるが、特に梅雨の頃から夏にかけてが最盛期だ。宇久島の方言で『チンチマンマニ、ボッポノシャ』という言葉がある。『チンチ』とは『美しいとか混じりけのない』という意味。『マンマ』は『ご飯』のこと。『チンチマンマ』とは『麦や芋が混じらないお米だけのご飯』のこと。『ボッポ』とは『お魚』のこと。『シャ』は『菜』つまりおかずのことだ。従って、全体としては『麦や芋の混じらないお米だけのご飯にお魚のおかず』という意味になる。

田んぼの少ない宇久島では、お米は貴重品だった。また、海が近いとはいえ、島の百姓にとって魚は簡単に手に入るものではなかった。それ故、『お米のご飯とお魚のおかず』は、島で大変なご馳走だったんだよ」

「当時の宇久島は貧乏だったんだね。お米のご飯とクサビの料理がご馳走だとは信じられないなあ。ジイジの少年時代と今の社会を比べれば、想像できないくらい豊かになったんだね。僕がジイジの年になる頃には、どんな世界になるんだろうか」

「喜ちゃんが大人になる頃は、もっと豊かで幸福な世界になっているよ。さっきも言ったが、クサビは夏が旬の魚だ。

お盆になると村の男たちは寄せ太鼓の合図で自治会の役員の家に集まり、そこを出発点として12軒の家々を残らず訪れ、仏壇に線香を上げるのが仕来《しきた》りだった。その後、訪問先からクサビ料理などを肴に自家製の芋焼酎が振舞われるのがお決まりのコースなんだ。

だから、盆前になると、村の男たちは、田の草取りや大豆の収穫を止めてまでも、クサビを釣りに行くのが習わしだった」

「クサビ釣りの準備には何をするの」

「まずは、エサのイソメ掘りから始まる。真夏の炎天下、陽光を遮るもののない浜辺でイソメを掘るのは大変な重労働だった。もちろん、掘るのはジイジではなく、村の大人たちだが。

島では、イソメのことを『本ジャッ』と呼んだ。因みに、イソメより一回り体の小さいゴカイのことを『ジャッ』と呼んだ。

本ジャッは海岸の砂の中に住んでいる。本ジャッの巣穴は深さ50センチほどで、自分の体と同じで幅数ミリの扁平な形をしている。実は、1匹の本ジャッは二つの縦穴を持っていて、この二つの縦穴は底のほうでU字型に繋がっている。潮が満ちている間は、砂の表面に頭を出し、流れ藻などをくわえて穴の中に引き込んで食べる。

もちろん、潮が干いていても地面近くの穴の中で食事を続けるが、人の歩く振動などが伝わると、急いで穴の奥に引き籠《こも》ってしまう」

「その巣穴に籠る本ジャッをどうやって掘り出すの」

「本ジャッ」を掘り出すまで

「潮が干き始める頃合いに、村の男たちは木製の柄にL字型の鉄の爪をつけた穴掘り用の磯カギと、湧き水や土砂を掻き出すための大型のアワビの貝殻、それに獲れた本ジャッを入れる木製の手桶などを持って浜辺に向かう。もちろん、岩の多い場所を掘る時は、ツルハシも欠かせない。

その時の出で立ちは、タオルを頭に巻き、褌を締め、地下足袋を履いていた。ジイジは、役には立たないけれども、本ジャッ掘りの様子を見に、村の小父さんたちについていったものだ。

浜辺に着くとまず本ジャッの穴を探す。

さっき言ったように、本ジャッがたくさんいる場所は、海藻が砂浜に植え込まれたように巣穴に引き込まれている。だから、小父さんたちは本ジャッがたくさん採れる砂浜は簡単に見つけることができる。

小父さんたちは手始めに、自分の体がスッポリ入るほどの大きさで深さ50センチほどの穴を掘る。表面は白い砂でも掘り下げるにつれ、黒っぽい堆積土が混じるようになる。50センチほど掘り下げると、次はこの深さを維持しながら、穴の壁の底を磯カギで引っ掻きながら前のほうに掘り進む。

さっきも説明したけど、本ジャッの巣穴は、ほぼ垂直に掘った直径5ミリほどの扁平な二つの巣穴が底でU字型に繋がっている。だから巣穴の底のほうを磯カギで引っ掻かれると、本ジャッは頭か尻尾を突つかれる格好になり、驚いて地表面に向かって無数の疣足《いぼあし》を使ってグニュグニュと這い上がっていく。砂の表面に頭が出てくる場合と尻尾が出てくる場合がある。

もし、掘り下げた穴の深さが不十分だった場合は、本ジャッは胴体を磯カギで真っ二つに切られてしまい、体の半分——頭か尻尾の部分——だけは、底のほうに潜って逃げてしまう。

『本ジャッは頭が切られても下半身の部分に再び頭が再生する』と島では言われていた。頭から尻尾まで無傷の活きの良いものを獲るためには、十分に深い穴を掘り、その深さを維持しつつ前に掘り進む必要があるんだ。しかし、海岸で穴を掘るとすぐに海水が湧き出てくる。穴の砂壁は湧き水で崩れやすく、十分な深さを維持しながら掘り進めるのは簡単ではなかったよ。

穴の壁の底を磯カギで引っ掻いていくと、壁の下部が侵食される格好となり、土砂の塊がドサッと崩れ落ちる。この崩れた土砂の塊の中には本ジャッがいるので塊を磯カギで砕いたり、水で溶かしたりして本ジャッを探し出す。無傷のままの本ジャッを捕らえるのは稀で、ほとんどは磯カギで胴を切られた〝傷物〟のほうが多かった。

深い巣穴に住んでいた本ジャッは幸運で、追っ手の磯カギを逃れて底のほうに逃げおおせることができる。

反対に、巣穴の深さが不十分なために、頭の部分だけを穴の底に潜り込ませてもがいている奴もいた。小父さんたちはこんな奴を見つけると、すぐさま指で掴み、巣穴から頭の部分を引き出そうとする。哀れな逃亡者は、最大限に身を縮め、必死で巣穴の底のほうに逃れようともがく。この様子はまるで人間と本ジャッの綱引きのようなものだ。

逃亡者の味方は、湧き水と土砂崩れだ。人間と本ジャッとの綱引きのほんの短い間にも湧き水が溢れ、穴の底が土砂で埋まり、逃亡者の頭部がだんだん砂の底に沈んでいく。

追っ手の人間も逃亡者の胴体を握る指に力を入れ、懸命に磯カギで逃亡者の周りの砂を掘って引き出そうとする。炎暑の中、双方の根競べ勝負だった」

「真夏の太陽の下での本ジャッ掘りは、まるで戦争のようだね。ジイジも本ジャッ掘りを体験させてもらえたの」

「本ジャッ」という生き物との格闘

「有難いことに、体験させてもらったよ。小父さんたちは、翌日のエサを十分に確保すると、ジイジにも掘らせてくれたよ。

狭い穴の中でしゃがみ込んで無理な姿勢で作業していると、腰が痛くなる。また、磯カギで土砂を掻いたり、アワビの貝殻で湧き水を掻き出したりするので、腕もだるくなる。

黒い泥土や砂を含んだ泥水を日焼けした顔や体中に浴び、これが乾くと〝泥パック〟になったよ。指先が砂で擦り切れ、指紋が消えてツルツルになり、ひどい場合は血が滲むことすらあった。砂で削られた爪の先がギザギザになった。

本ジャッ掘りはまさに、このような悪条件下での本ジャッという生き物との格闘のようなものだった。だから、ジイジも無傷の本ジャッをモノにした時は、『ヤッター』と叫びたいくらい嬉しかったよ。

本ジャッは、ドバミミズほどの太さで、それよりも長く平べったい形をしている。頭のほうは、かなりの筋肉質で固く黒っぽい緑がかった色で、不気味な光沢があるが、胴体から尻尾にかけてだんだん赤みを帯びている。もちろん、その色合いは、住んでいる海岸の砂質などによって微妙に変化するんだ。

小父さんたちは、苦闘の末に掘り出した本ジャッを木製の手桶に入れ、その上に少々の砂と海藻を乗せて自宅に持ち帰り、風通しが良いところに保管しておく。こうしておけば、比較的鮮度を保つことができる。

何しろ、クサビは贅沢で、鮮度が落ちていたり、死んで腐りかけた本ジャッには見向きもしないのだから。

ジイジのお父さんは病弱だった。お母さんによれば、大東亜戦争で軍属（＝戦闘要員ではなく軍に所属する者）としてジャワ（＝現在のインドネシア）のスラバヤに征《ゆ》き、『南洋ボケ』と言われていた病気に罹ったためだということだった。ジイジが物心ついて以来、お父さんは村の小父さんたちのように、自らエサを掘り、伝馬舟を漕いで沖に釣りに行くようなことは一度もなかった。

クサビ釣りが旬を迎える頃になると、ほか

の家から少しずつ釣果を分けてもらった。子供心にも、何か引け目のようなものを感ぜずにはいられなかったよ」

いよいよクサビ釣りへ海に漕ぎ出す

「ジイジがクサビ釣りに行くようになったのはいつ頃から？」

「ジイジが村の小父さんたちにクサビ釣りに連れていってもらうようになったのは、小学校3年の頃からだったろうか。お盆前日のまだ夜が明けないうちから、村の男たちは本ジャッの入った手桶と釣り道具などを持って、一斉に波止場に向かう。

ジイジのお母さんが『隆ちゃん、隆ちゃん、起きんね。皆、釣りに行きおるばい。はよ起きんね』と起こしてくれた。ジイジが釣りに行くたびに、お母さんはずいぶん早くから起きて、ジイジの身のまわりの物を整え、朝食まで準備してくれていた。

お母さんの心のこもったジャガイモの味噌汁と半麦飯を大急ぎで食べ、釣り道具や雨具などを入れた磯籠（＝直径、深さとも50センチほどの竹編みの籠）を背に家を出ようとすると、お母さんが『くれぐれも怪我せんごと注意せんね。荒神様の護ってくれるごと、ヘグラ（＝竈の意味の方言）の煤《すす》ば眉間につけて行かんね』と引き止めるのが常だった。きっとお母さんは、村の大人たちに連れられて漁に出る息子が心配でたまらなかったんだろう。

家から波止場までは500メートルほどで、『波止場』とはいっても、伝馬舟用の極めて簡素なものだった。まだ、星が残る薄暗い小道

を朝露を踏みながら村の小父さんたちの後を追った。雄鶏が時を告げる声がだんだん遠くなり、潮騒が近づいてくる

「いよいよ舟に乗って海に漕ぎ出すんだね」

「そう、いよいよだよ。波止場に着くと、小父さんたちは互いに挨拶したり、天気について語らいつつ、海岸に引き揚げていた伝馬舟を海に下す作業にかかる。

大人たちは『スラ』と呼ばれる丸太を何本も平行に並べた上に舟を乗せ、押して滑らせながら寄せ来る波の中に進める。ジイジは、『カモ釣り』の仕掛けを教わった早梅の伯父さんが所有する伝馬舟に乗せてもらうことが多かった。伝馬舟には大抵2～3名の小父さんたちが乗り合わせた。

さあ、いよいよ出発だ。艪《ろ》を漕ぐには、子供のジイジでは力不足なので、舫《もや》を解いたり、舟底に溜まったアカの汲みだし等の雑用を引き受けた。子供心にも、『お荷物になるまい』という思いからだった。ちなみに『アカ』とは、漏水のことなんだが、後に『水』を意味するラテン語の『ＡＱＵＡ』が語源らしいと知った。

『ザーッ、……ギーッ、ギッ』と、波のざわめきと櫓がきしむ音とが重なる。真夏とはいえ、早朝のひんやりとした潮風が心地良かった。

宇久島は、波が荒いので有名な玄界灘の近くに位置することから、さすがに少し沖に出るとうねりが大きくなってくる。

小さな伝馬舟は、波頭に持ち上げられたかと思う間もなく波の谷間に沈む。舟の舳先がザブーンと波をかぶり、飛沫が雨のように降ってくる。大きな波の谷間に舟が滑り落ちてい

く時は、無性に怖くなり、両手で舷側の板を握り締め、両足をこわばらせたが、大人たちから『お荷物』に見られまいと、精いっぱい平静を装うことに努めた。舟酔いしても限界まで我慢した。

しかし、ついに堪えきれずに、食べたばかりの朝飯を一気に海の中に吐いた。一瞬、潮が白く濁った。飯がなくなると苦い胃液まで吐いた。すぐその後でさえ、『もうなんともなか、良うなったばい』と強がって見せた。今思えば、きっとその時は真っ青な顔をしていたに違いないがね」

クサビの漁場と習性

「ジイジ、クサビの漁場はどんなところだったの」

「喜ちゃん、クサビの漁場は島の周囲の至るところにあったんだよ。近くは、波止場から400~500メートルほどのところから、遠い場所はジイジの村から見て、島の裏側にある『舟隠し』と呼ばれる海岸にまで広がっていた。

そうそう、『舟隠し』という名前の由来はこうだ。平清盛の異母弟である平家盛が壇ノ浦の戦いに敗れて海上に逃れ、宇久島近くで漂流していたところを海士《あまんし》に助けられた。平家盛が宇久島に上陸する際に、乗り捨てた舟を源氏の追っ手から見つからないように隠した小さな入り江——まるで天然のプールに似ている——が後に『舟隠し』と呼ばれるようになったそうだ。

因みに、その後、家盛の子孫が宇久島を起点に五島一円に勢力を拡大していったと伝えられている。『東光寺』という島の古刹《こさつ》には、家盛公以下七代の墓がある。

『舟隠し』の沖にはカモやウミウなどの水鳥の白っぽい糞で覆われた『カモ瀬』と呼ばれる岩礁があり、この周りが特にクサビ、カサゴ、カワハギ、イサキなどの好漁場だった。

遠くまで行く時は、『二丁櫓』、さらには『三丁櫓』と漕ぎ手を増やして、スピードアップを図った。


「クサビはどんな場所に住んでいて、いつ頃、食いが活発になるの」

「クサビは、夜は砂に潜って眠り、空が白む頃、砂の夜具から出て朝食を食べ始めるんだ。だから、いくら好漁場とはいっても、あまり遠過ぎると、時間がかかり過ぎて、クサビの朝食タイムの好機を逃がす恐れがある。朝食の時間が過ぎると途端に食いが鈍る。

クサビの釣り場として最適の場所は、砂地に海藻がモザイク状に生えている海底なんだ。こんな場所のことを、島では『シロン・クロン』と呼んだ。この呼び名は、文字通り、舟の上から海底を眺めたとき、砂の白と海藻の黒い陰が、ブチ状の紋様をなしていることに由来する。

もちろん、海底が岩場で海藻が多いところにもクサビは多いけど、根掛かりするので敬遠された。海藻が密生し過ぎていても根掛かりが多い。早梅の伯父さんは、福浦村の沖数百メートルのところを釣り場にしていた」

「ジイジ、クサビのほかにはどんな種類の魚が釣れたの」

「クサビ釣りの外道について紹介しよう。宇久島の海では、外道としてアラカブ（＝カサゴ）やゴベ（＝カワハギ）のほか、ショヤンカカなどがいた。ショヤンカカとは『庄屋の嬶《かかあ》』という意味の宇久島の方言なんだ。この魚は、大きさはクサビよりも体高がやや高く、色彩は派手だが味はクサビより劣る。クサビを美人に例えれば、さしずめショヤンカカは醜女《しこめ》、つまりブスということだ。

おそらく、江戸時代頃、貧しい農民たちが小作料を取り立てる庄屋を憎み、腹いせにその庄屋の奥さんを格落ちのショヤンカカに見立ててそう呼んだのかもしれない。村人はこの魚が掛かると捨てはしないものの、『チェッ』と舌打ちしたものだよ」

「漁場に着いたらどうするの」

「錨を打つんだ。錨とはいっても原始的なもので、『／』型の枝の間に石を括りつけた簡単なものだ」

「レッコー」の号令で錨を投げる

「魚場が近づくと、ジイジの出番だった。大波に揺れる舳先に立って錨を準備する。錨を下ろす場所は釣りの成果を左右するから、小父さんたちが長年の経験から細かい位置を判断し、投錨するタイミングを的確にジイジに指示してくれた。

小父さんたちは、海底の様子や潮の流れはもとより、遠くに見える島の松の大木や沖の小島などと舟の位置関係などから、かなり正確に錨を下ろすポイントを判断していた。

小父さんから『ヨーイ』という声が掛かる。全神経を、次の『レッコー』という合図に集中し、上下左右に揺れる舳先で腰を落として錨を握り、下腹に力を入れて足を踏ん張って待つんだ。

当時この合図の由来は知る術《すべ》もなかったが、今思えば『Let's Go!（レッツ・ゴー！）』という英語が語源だったのかもしれない。

田畑の少ない宇久島では、義務教育を終えると島を出て『テグリ船』と呼ばれる底引き網漁船などの船員になる者も多かったんだ。だから、漁船の勤務を通じて、英語を語源とする船員用語が自然と村の小父さんたちの間に定着したのかもしれない。あるいは、帝国海軍に徴兵され、そこで受けた教育の遺産だったのかもしれない。

ジイジは『レッコー』という小父さんたちの号令で、すかさず錨を海中に投げ込んだ。『ザブーン』という音とともに、全身にしぶきが降り注いだ。錨綱が舟側に擦れて『ゴー』と音を立てながら海中に引き込まれていく。

錨が海底に届くと、潮の速さに合わせて錨綱の長さを調整した後、綱を舳先の横木に『八』の字型に巻きつけて固定するんだ」

「ジイジ、いよいよクサビを釣る番だね」

「そうだ、いよいよ釣りが始まるよ、喜ちゃん。仕掛けは、道糸を結びつけた鶏の卵半分ほどの大きさの鉛の両側に、ちょうど〝やじろべえ〟の両手のように出た2本のハリス（ナイロン糸）に釣り針がついたものだった。道糸は、カセと呼ばれる『井』の字型の木枠に巻かれていた。

さすがに、小父さんたちの準備は手早く、早くも本ジャッのエサをつけた仕掛けの鉛をジャボーンと海中に放り込んでいる。

ジイジも負けじと、グニュグニュしたエサを釣り針につけるのももどかしく、急いで鉛を海中に投げ込み、道糸をどんどん繰り出す。

鉛が海底に着くと、教えられた通りに50センチほど引き揚げて、道糸を右人差し指の先に掛けて、仕掛けを上下に揺らしながらクサビの当たりを待つ。

鉛が海底に届いてから1分間ほどが勝負だ。この間に魚信《アタリ》をキャッチできなかったら、もうすでにクサビは針からエサを失敬したものと思ったほうが良い。だから、人差し指は微かな魚信をも見逃さない敏感な〝センサー〟でなければならないんだ。

潮の流れが速いと、それが道糸に振動として伝わり、魚信がわかりにくいことがある」

大物のクサビをゲットする

「ジイジは指に『コツ、コツ』という感じの微かな魚信を感じ取った。初めての体験だったが、まぎれもない本物の魚信だと確信した。

魚信は、一瞬のうちにジイジの指先から全身を突き抜けるようだった。ジイジは反射的にグッと引っ張った。クサビが針に掛かった確かな手ごたえが指先に伝わってきた。

ジイジは『釣れたよ、釣れたとよ』と小父さんたちに言いながら、懸命に手探り寄せた。『大物だ、きっと大物だ』と祈るような気持ちで引き上げた。

　手繰り寄せるのももどかしく、何度も海中を覗き込んだ。コバルトブルーの神秘的な海の底を覗くと、陽光が揺らめいて見えた。

『まだ見えないのか？』と懸命に手繰り寄せるうちに、やがて底のほうから、風に舞う一片の朱色の花びらのように弧を描きながら魚が揚がってきた。その花びらはだんだん魚の形に変じた。やっぱりクサビだった。

　クサビは、水面近くまでは、すべてを諦めたように引き上げられるが、水面に出る瞬間から最後の抵抗を試み、精いっぱい暴れる。真珠色をした虫ピンの先端のような歯を剥いて、鰓《えら》をいっぱいに膨らませ、顔を朱に染めて怒っているかのようだ。

　と、思いきや、その顔を凝視すると、つぶらな黒い瞳がおびえきっているようにも見える。時々、ビク、ビクッと震えたり、バタ、バタッと尻尾で舟底板を叩いて、哀れな運命から逃れようともがき続けるが、刻々と力が失われていく。

　ぬめりのあるひんやりとした魚体を握り、釣り針から外して籠に放りこんだ。『隆ちゃん、太《ふと》かとば釣ったね』と、小父さんたちが褒めてくれた。『してやったり』とばかりに、ジイジも白い歯を見せて笑った。

　小父さんたちは、どんどん釣り上げる。一度に『やじろべえ』の両手に2匹も釣り上げる人もいる。ジイジも負けじと頑張るが、それでも小父さんたちの半分ほどのペースでしか釣れない。

　ジイジは、クサビを1匹釣り上げるたびに

『これはお母さんに食べてもらうぶん』、『これはお父さんのもの』、『これは小さいから静ちゃん(=妹)の魚』と心の中でつぶやき、すべての家族に1匹ずつあたるだけの魚を釣るのを目標に懸命だった。

日が高く昇る頃になると、クサビの食いがパタリと止まる。『そろそろ戻ろうかい』と一人の小父さんが言うと、皆それぞれ釣り具を仕舞い込み、帰り仕度を始めた。タバコを一服する小父さんもいる」

「次のジイジの役目は、錨を引き上げることだね」

「その通りだ、喜ちゃん。錨上げもジイジの仕事だったよ。投錨の時と同じように舳で両足を踏ん張って懸命に引き上げたよ。錨綱から冷たい潮水が両足に滴り落ち、太陽に灼かれた肌には心地良かった。

錨は幾分海底の砂に埋もれていて、当初引き抜く時はとても重いが、底を離れると海水の浮力が手伝って幾分か軽くなり、そして水面から出ると、再びずしりと重たく感じた。ちょうど疲れがピークに来る頃、錨が水面に出る。背筋は痺れ、腕と指の力が萎えてしまうが、大人の手を借りずに、渾身の力を振り絞って錨を舟の上に引き上げたよ。

小父さんたちは櫓を漕ぎ始めた。五島列島の太陽は、ギラギラと波動のように肌を焦がす。帰りの舟の揺れはなんだか心地良く、船酔いもなかった。

小父さんたちに混じって舟に乗っていると、何だか一人前の大人になったようで、誇らしい気持ちになった。

小父さんたちは、ジイジの釣果が少ないので、自分たちが釣った魚の一部を分けてくれようとしたが、ジイジは頑なに拒んだ」

誇らしい気持ちで家路を急ぐ

「波止場に着く頃は、もう昼に近かった。籠を背負って、お母さんが待つ家へ急いだ。小道は、朝露も消え、熱く焼けた地面の熱が草履を通して足裏に伝わった。

沿道では『ギーッ、ギーッ』とキリギリスたちの大合唱。クサビの入った籠を背負ったジイジには、ギラギラ照りつける太陽もキリギリスたちの大合唱もまるで祝福してくれているように感じられた。

お盆を迎える今頃になると、ジイジが少年だった頃のクサビ釣りのことがいつも思い出されるよ」

「ジイジの晴れやかな心が伝わってくるよ。その頃の子供のジイジに、僕からも『隆ちゃん、おめでとう！』と言いたいくらいだ」

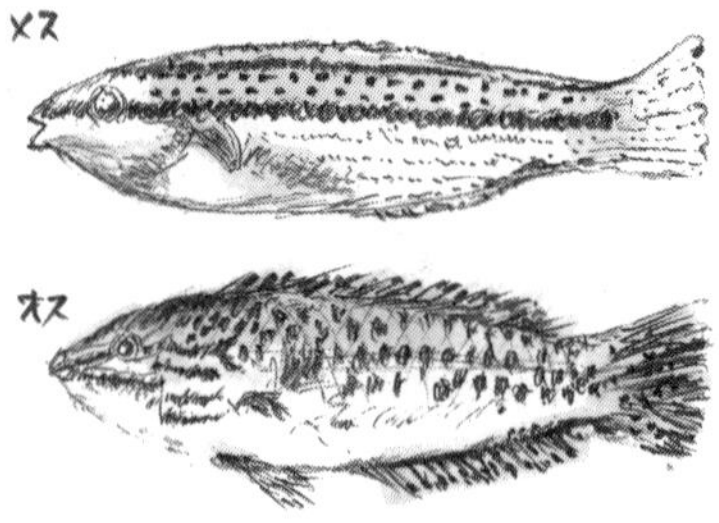

第六話　ホオジロ

ゴールデンウイークに、喜一と鶴子が一泊で遊びに来た。妻がお弁当を作って、石神井公園に出かけた。

公園で、私たちは二手に分かれボートに乗った。妻は喜一の強い希望で手漕ぎのローボートに乗った。喜一は男の子だから力もあり、チャレンジ精神がいっぱいだった。はじめは、同じところをくるくる回っていたが、やがてコツを掴んでまっすぐに漕げるようになった。

鶴子と私はピンク色のスワンボートに乗った。私はなるべく鶴子がペダルを漕ぐのに任せ、少しだけ手伝いながら湖上の散策を楽しんだ。

ボート遊びが終わると林の中に移動し、落ち葉の上にレジャーシートを広げてお昼を食べた。妻が握ったおにぎりを喜一も鶴子も喜んで食べた。食べ終わって麦茶を飲んでいると、どこからか、オスのホオジロの鳴き声が聞こえてきた。ホオジロの繁殖期が始まっているのだ。

東京ではホオジロが減り始めているという。その原因について誤解を恐れずに言えば、東京では小まめに草木を刈り取るからではないかと思う。路側帯であれ公園であれ、雑草や樹木の枝が実に頻繁に丹念に刈り取られる。そのせいで、ホオジロの雛が食べる昆虫が育たない。

また、雑草の実が稔らないため、ホオジロの成鳥のエサがなくなる。この老人の提案として、「都知事よ、草木刈りを止めてくれ」と言いたい。

ビオトープ（biotope）という言葉がある。これは、生物が住みやすいように環境を改変することを指す。東京では、さまざまな昆虫、鳥、ザリガニ、トカゲ、カナヘビなどがしたたかに生きようとしている。

彼らの生き残りをアシストする第一の手立ては、「草取りや木の枝の剪定を最小限にとどめること」だと思う。


石神井公園でけなげに鳴いているホオジロの声を聞いて感動するとともに、少年時代にホオジロの雛を育てた思い出が心の中に蘇った。そのことを、二人の孫にも伝えておきたいと思った。


「喜ちゃん、鶴ちゃん、遠くのほうでホオジロの鳴き声が聞こえるだろう。……ほら、いま鳴いたろう」

「ジイジ、聞こえるよ」と二人が応じた。

「ジイジのお父さんの八平はあの鳴き声を、『一筆啓上 火の用心 お仙泣かすな 馬肥やせ』――と歌うとるとたい』と教えてくれたんだ」

「ジイジ、そうは聞こえないよ。『ピッ、ピィ』と鳴いているじゃん」と喜一が言った。「あたしには『ピュイ、ピュイ』と聞こえるわ」と鶴子が続いた。

「二人とも正しいよ。人にはいろいろな聞こえ方があるものだ。今から二人にジイジが子供の頃にホオジロの雛を育てた話をしてやろう。いいかい」

「ジイジ、聞きたい」と二人が応じた。

島にいるさまざまな鳥の巣作りと産卵

「春が巡ってくると、宇久島ではさまざまな種類の鳥たちが繁殖期を迎えるんだ。ジイジはホオジロだけじゃなく、キジ、カラス、トビ、ヒバリなどの巣作りや産卵を見たよ。

キジは、宇久島の代表的な鳥だけど、その巣は、麦畑や松林の中などに地面を浅く掘って、わずかばかりの落ち葉や枯草などに加え、自らの羽毛を敷いた実に簡単なものだった。

その恵まれた端正な姿や虹色をした鮮やかな羽の色などから想像すると、キジはそれにふさわしい、手の込んだ巣を作るのではないかと思われがちだが、実は手抜きにも等しい、お粗末な巣だったよ。

キジは、その簡単な巣に1ダースほどの卵を産む。鶏の卵よりやや小ぶりで、色も巣の色に似て少し茶色っぽい。

今なら、動物愛護団体などからお叱りを受けるかもしれないが、貧しい島民にとっては、キジの卵は美味しいご馳走だった。滅多には手に入らないが。ジイジもキジの茹で卵を食べたことがある。美味しかったよ。

カラスは、神社の境内などに生えた松や杉の相当高い梢に巣を作っていた。その巣は、周囲を丈夫な枯れ枝で編み、内側は保温効果のある柔らかい枯草や羽毛、あるいは牛の尻尾の長い毛などが敷き詰められていた。

この中に、くすんだ緑褐色をベースに黒い斑点の迷彩色がついた卵を3～4個産む。島では、カラスの卵は脳病に効き、頭が良くなると言われていた。

しかし、カラスがヘビやカエルをつついたり猫や犬の屍骸をついばんでいるのを日頃から目のあたりにしている島の子供たちは、例え自分の頭が悪いと自覚している者でもカラスの卵を食べるだけの勇気はなかった。

トビは、海岸沿いの断崖にしがみつくように生えている松の木や岩場など人間が簡単に近づきにくい場所で巣を作っていた。村の大人たちは自分の子供に『トンビは恐ろしか鳥じゃけん、巣のあるところには行くなよ』と常々注意していた。

大人たちの話によれば、トビは人間が卵を盗りに行くと、巣の主たる番《つが》いだけじゃなく、番いが発する『ピーヒョロ』という警報を聞きつけた仲間のトビたちが何羽も応援に飛来し、盗人の頭上を戦闘機群さながらに旋回しつつ威嚇し、次々に急降下して爪で一撃を加えてくるということだった。

島民の中には、この急降下攻撃により、崖から転落して大怪我をした者もいたという。そんなわけで、ジイジもトビの卵は見たことがないんだ」

島の「救世鳥」だったヒバリ

「次はヒバリの話をしよう。洋の東西を問わず、ヒバリをテーマにした詩や童謡は多い。喜ちゃんも鶴ちゃんも知ってるはずだ。

青天井の高みから春の到来を祝福するヒバリの鳴き声は、『天使の声』を思わせるほど格調が高い。暗く寒い冬が過ぎて、待ちかねた春の到来を告げるヒバリの声が、人の詩情を掻き立てるのは当然だよね。

島に春が巡ってくると、それまで地面を徘徊していたたくさんのオスのヒバリが天上に舞い上がり、野良仕事に励む島民たちに終日豪華なＢＧＭを流してくれたものだ。

ヒバリは、畑の中に生えているタンポポや空豆や大豆などの根元に野球のボール大の穴を掘り、細い枯れ草の根を編み敷いて上品な巣を作る。

卵は縦2センチ、横1・5センチほどで、ホオジロの卵とほぼ同じ大きさだったと思う。卵の色は巣の色に限りなく近い薄茶色で、殻の表面には、草の根模様のカモフラージュが描かれている。

島には、『ヒバリの卵や雛を盗ると、その盗人が飼っている牛が死ぬ』という言い伝えがあった。宇久島では、牛はとても大事な家畜で、農耕はもとより荷車を引かせるための動力としても不可欠だった。

さらに、『五島牛』というブランド名で有名な肉牛としても高値で売れ、農家にとっては貴重な現金収入源となっていた。だから牛を失うことは大変な損失だったんだ。

農薬がまだ今のように開発されておらず、また農薬を買う現金も乏しかった昔の島民たちにとって、子育てのために畑の害虫をたくさん食べてくれるヒバリはまさに『救世鳥』だったに違いない。

島民たちは、この『救世鳥』を保護するために、『ヒバリの卵や雛を盗ると、その盗人が飼っている牛が死ぬ』という言い伝えを創作したのかもしれないね」

「ジイジが子供の頃はたくさんの鳥たちの

巣や卵や雛を見ることができたのね。鶴子も見てみたいな」

「僕は、キジの茹で卵を食べてみたいな。ジイジ、そろそろホオジロの話に戻ろうよ」

「そうだね。ジイジの故郷・宇久島では、ホオジロのことを『チッチッ』と呼んでいた。この呼び名は、ホオジロの鳴き声そのものだ。

ホオジロは、秋から冬にかけては松林や畑の周りの藪の中で、『チッチッ』と地味だが可愛い声で鳴いている。ところが、春から夏にかけての繁殖の時期になると、オスは松の梢などの目立つ場所に堂々と登場し、美声を張り上げて歌うんだ。

島にはホオジロが多く、その巣は子供たちでも簡単に見つけることができた。ホオジロは、3月末から4月にかけて巣作りを始める。人の背丈ほどの小松や段々畑の斜面に生えている草や低木の中などに巣を作る。

巣は、周りをやや太い草の茎などで枠組みし、内側に向かうに従って草の髭根や羽毛などの繊細な材料を綿密に編み上げて作る。それは、まるで芸術品のレベルだった」

美しく機能的なホオジロの巣

「この巣は、見た目が美しいだけでなく、正倉院の校倉《あぜくら》造りにも似た原理で、調温・調湿ができるようになっており、卵を孵化し、雛を育てるのに必要かつ十分な機能が備わっているんだよ。

あの瀬戸大橋やスカイツリーを造ることができる現代の土木建築技術などを駆使しても、

人間がホオジロの巣を作れるかどうか疑問だ。そんな見事な巣を『無学な』メスのホオジロが1週間前後で作り上げる。神様が自然の生命に与えた本能は、何と魔訶不思議なすごい力を備えていることか。

ホオジロの卵はヒバリとほぼ同じ大きさで、一度に産むのは3～6個だ。その殻は、白地に褐色の草の根模様のデザインがカモフラージュのためにプリントされている。

梅雨の頃になると、孵化を間近に控えて、メスだけで懸命に卵を温める。実は、この時期がホオジロの巣を見つける絶好のチャンスなんだ。ジイジは、学校から帰ると、上がり框にカバンを放り投げ、一目散に野や畑に向かい、ホオジロの巣を探しに行ったものだ。

傘などささず梅雨に濡れそぼち、ズックを泥だらけにしながら段々畑の周りや小松林の中を歩き回る。すると突然、『ブルル』と小さな羽音とともに、藪や木立の中からホオジロの母鳥が飛び出す。ホオジロの巣は、まさに母鳥が飛び出したその場所にあるんだ。

抱卵中のホオジロは、人が近づいてきてもなかなか逃げずにじっと我慢して卵を守り、温めている。が、いよいよ巣の間近にまで追手が迫ると堪えきれずに、ついに巣から飛び出してしまうのだ。

しかし、さすがは母鳥、遠くへ逃げていくと思いきや、恐ろしさを堪えつつ、巣から4～5メートルのところに踏み留まり『チッ、チッ』と鳴きながら、ジイジの動きを心配そうに見つめている。『お願いだから、巣や卵を盗らないで』と訴えているかのように見えた。

巣の中に指を入れてみると、乾いていて温かい。母鳥の卵に対する愛情が、『温もり』と化してジイジの手に伝わってきた。『巣と卵は盗らんけん、安心せんね。早く雛を孵《かえ》してくれ。僕はその子が欲しいんだ』と残酷かもしれないが、心の中でホオジロに語りかけた。

巣を見つけた翌日からは、ホオジロの母親と巣を間近に観察できる嬉しさに、足取りも軽く日参した。巣の中には、日々卵が産み落とされ、5〜6個にまで増えていく。

母鳥は来る日も来る日も梅雨に濡れそぼちながら忍耐強く卵を抱き続ける。梅雨が明けたある日、いつも通りに巣を覗きに行ってみると、なんと雛が孵化しているじゃないか。孵化した直後の雛は、ほとんど鳥の体をなしていない。全くの裸ん坊で、わずかに綿よりも細い産毛が頭のてっぺんと羽の一部にだけ申し訳程度に生えている。体全体が赤味を帯びており、細い血管が全体に浮き出て見える。注意深く手のひらに取り上げてみると、頭とお腹が異常に大きくグロテスクだ。例えは良くないが、後年テレビなどで見た栄養失調の子供のようだった」

孫の喜ちゃんと鶴ちゃんにこんな酷《むご》い話をするべきかどうか、私は迷ったが、アフリカなどの飢饉で飢えた気の毒なな子供たちの映像を見るたびに、少年時代に見た、生まれてのホオジロの雛の姿を思い出してしまう。世界にはかわいそうな子供たちがたくさんいること、そういう世界の現実の一端を敢えて話しておこうと思ったのだ。

「目が開いていない生まれたての雛たちはジイジが近づくと、親鳥と勘違いして、体とは不釣り合いなほどの大きな黄色い嘴をいっぱいに開けて『チー、チー』と鳴いてエサをねだる。この様子は、まるで黄色のチューリップの花が咲いたように見えた。

2羽の親鳥が、心配そうにすぐ近くまで寄ってくる。そのうちの1羽は、嘴に虫をくわえており、『食べ盛りの子供たちが首を長くして待っているんだから、早くどいてくれよ。子育ての邪魔をしないでくれよ』と訴えているかのようだった」

ホオジロの雛の成長を見守る毎日

「この時期になると、ジイジは、学校の授業中も上の空で、ホオジロの雛のことばかり考えていた。ほかの誰かに知れると、盗まれるかもしれないので、絶対に秘密だった。

学校から帰ると、雛たちに会うため、一目散に秘密の場所に急ぐのが日課となった。

雛たちは、日々スクスクと育っていく。裸ん坊たちもだんだん羽が生えそろってくる。数匹の雛が成長すると、小さな巣は手狭で、体の一部がはみだし始める。

また、はじめのうちは、無分別にジイジに対してエサをねだっていた雛たちも、だんだん『人見知り』するようになる。野生の本能が芽生え、自分がホオジロであることを自覚し始めた証拠なのだ。ジイジがいつものように、巣に近づいていくと、もはやエサをねだることもなく、警戒心の宿った澄んだ瞳でジイジを見つめている。このように雛が『人見知り』

する頃になると、もう巣立ちは近い。

ホオジロの雛が巣立つ様子は何度も目撃した。ある時は、巣を訪ねてみると、空っぽの巣だけが残されていた。雛たちはすでに巣立ち、近くの木に止まって鳴いていた。

また、ある時はジイジが巣に近づくと、雛たちが突然巣から飛び出して逃げてしまったこともあった。もうすっかり成長していて、巣立ちのタイミングを計っていたところにジイジが来合わせたのだろう。

ジイジがホオジロの雛を『養子』に迎える時期は、雛の成長を見ながら慎重に選ぶ必要があった。

できるだけ大きく成長するまで、親の力で育ててもらいたいが、あまり成長し過ぎると野生の本能が芽生えて、人の手からはエサを食べなくなってしまう恐れがあるからだ。

あれこれとタイミングを計りながら、ジイジは意を決して雛たちを巣ごと藪の中から取り出して、我が家に持ち帰ろうとした。

すると、どこからともなくすぐに親鳥が飛んできて『チッ、チッ、チッ』と鳴き騒ぐ。〝人《ひと》攫《さら》い〟に対し、『私たちの大事な子供を攫っていかないで！』と哀願しているようで、ジイジもいささか申し訳ないと思った。ジイジが雛たちを胸に抱くようにして帰路に着くと、しばらくは追ってきたが、とうとう諦めたのか、2羽の親は見えなくなった」

家の戸棚でホオジロの雛を育てる

「我が家に帰ると、巣がすっぽり入る空のマッチの徳用箱の中に入れ、雛の上には真綿を掛け布団のようにかけて暖かくしてやった。

雛の食事については、親鳥が運ぶエサを見て真似た。ホオジロの両親はキリギリス、バッタ、モンシロチョウなど昆虫の幼虫をせっせと与えていた。だから、ジイジは我が家の菜園のキャベツの葉に止まっているモンシロチョウの青虫やヤブキリの幼虫などを獲ってきて与えた。雛たちは食欲旺盛で実によく食べた。食べるというよりは、丸ごと飲み込んだ。

ジイジが『チー、チー』と呼びかけると、雛たちも『チー、チチーチー』と大騒ぎしてチューリップの花が咲いたように黄色い嘴をいっぱいに開けてエサをねだる。

青虫を与えると、自らの体に比べ不釣り合いなほど大きなエサをむさぼるように頬張り、必死で飲み込もうとする。嚥下《えんげ》しようとする青虫が薄い首の皮を透して食道を通るのが見える。大きな青虫はスムーズには喉を通らず、雛たちは食事のたびに目を白黒させて『ヒック、ヒック』を繰り返した。

お腹がくちくなると、チューリップの花も閉じて静かになり、親のない兄弟たちは互いにもたれ合い、くっつき合って夢を見る。

時々、お尻を巣の外に突き出して、『プリッ』と体の割には大きな糞をする。青虫やキリギリスの幼虫などばかり食べさせているせいか、幾分青臭かった。成鳥のホオジロは細目の蕎麦くらいの太さの糞だが、雛のそれはうどんくらいの太さで、水っぽく、白と薄茶の混ざった色だった。

人間の赤ちゃんは、大人からオシメを換えてもらわなければならないが、ホオジロの雛たちは誰も躾をしないのに、自ら巣の外にお尻を突き出して糞を排泄し、巣を汚すこともなかった。

夜は、親鳥に代わって温めてやろうと、ジイジは雛たちを自分の布団の中に入れようとしたが、お母さんから『隆ちゃんは寝相の悪かけん、踏み潰すばい』と諌《いさ》められたので止めた。

あれこれ考えたあげく、猫やネズミから襲われないように、密閉された戸棚の中に入れてやった。朝、目覚めると何はさておきすぐに戸棚を開けて雛の様子を見た。『おい、元気か？』と声をかけると、『チー、チー』と応じ、一斉に口をいっぱいに開き朝食をねだった。

その時は本当に嬉しかった。本当の自分の子供のように、だんだん愛情が湧いてきた。

ジイジはすぐに朝食の準備をした。エサの青虫は、前日捕ってきてキャベツの葉を与えて飼っていたものだった。

もちろん、学校に行く時は、雛たちを大切にカバンに入れて連れていき、友達に雛を見せて自慢した。友達から羨ましそうに『みじょかね（＝可愛いね）』とか『俺にも育て方ば教えてくれんね』とか言われると、ついつい得意になったものだった。

授業中は、先生に見つからないように机の中に入れておいた。休み時間にエサをたらふく与えておいて、授業中は静かに眠るように言い含めておいたが、時々寝ぼけた1羽が、机の中で『チー』とくぐもった小声で寝言を言うと、ほかの雛も『チーチー』と騒ぎ出す始末だった。

そんな時ジイジは、先生に気づかれないように、こっそりと机の中に手を入れて、雛たちの頭をそっと撫でてやった。すると再び静かになるのだった。

先生も、ふと黒板に字を書く手を止め振り返ったが、再び黒板に向かった。ジイジは『よかった、気づかれずに済んだ』と胸を撫で下ろした。事情を知っている周りの子供たちの中には、『クッ、クッ』と忍び笑いする者もいた」

雛との楽しい思い出、悲しい思い出

喜ちゃんと鶴ちゃんが口を挟んだ。

「ジイジ、それは先生が知らないふりをしてくれたんだよ」

「あたしもそう思うわ」

「その通りだと思うよ。今にして思えば、当時の田向エイ子先生は、本当は雛たちの声に気づいていたにもかかわらず、素知らぬ振りをしてくれていたのかもしれないね」

喜一が聞いた。

「ジイジ、雛は無事に育ったの」

「残念ながらいつも失敗に終わったよ。雛は日々成長していくかに見えたが、ある朝目を覚まして、いつものように戸棚を開けて『チー』と声をかけても返事がない。

マッチ箱の中を見ると、ああ、何たることか！　全部の雛が冷たくなって、石のように硬直しているではないか。

1羽、1羽を巣から取り出して、手のひらで包み、唇を寄せて温かい息を吹きかけてやってもピクリともしなかった。何度も何度も撫でてやったが、ホオジロの雛たちはついに蘇らなかった。

ジイジはそのたびに『大変なことをしてしまった。親鳥に申し訳がない』と思った。

雛たちの冷たい死骸を抱いて、元気だった姿を思い出すうちに、悲しさがこみあげ、涙が溢れ出てきた。雛たちの亡骸《なきがら》を巣ごと庭に持ち出して、柿の木の下に穴を掘り埋葬してやった。その上に墓標のつもりで小石を置いた。時々、ヤマユリやノアザミの花を摘んできて供えるたびに、『本当にかわいそうなことをした』と何度も悔やんだ。

その後もホオジロの雛の飼育に挑戦したが、毎回、楽しい思い出が増える一方で、最後は悲しい思い出を積み重ねた。

こうして、当時の思い出を振り返る時、不思議なことに死んでしまったはずのホオジロの雛たちが、今もジイジの心の中で生き生きと生きていることに気がつくんだ」

喜一と鶴子は子供心にも「ホオジロの雛の死」という顛末に心が痛んだのか、粛然とした表情で私を見つめていた。ハッピーエンドに創作すれば良かったかもしれないと少し後悔したが、二人の孫にはやはり事実をあるがままに話して、それを受け止めてもらうほうが良いのだと思い直した。

第七話　キジ

梅雨が近づいたある日曜日、妻が運転する車で喜一と鶴子を連れて井の頭自然文化園に出かけた。

孫たちは真っ先にスポーツランドに向かい、メリーゴーランド、スカイバスケット、新幹線、ティーカップ、ミニカーなどを楽しんだ。鶴子がまだ4歳なので、空中を回るスカイバスケットや、回転するティーカップに乗る時には妻か私が同乗しなければならなかった。ジイジとバアバは、高齢のため三半規管が衰えたのか、クルクル回るティーカップでは目が回ってしまった。

スポーツランドを堪能した後は、動物園に移った。最初に向かったのは「モルモットふれあいコーナー」だった。孫たちは、モルモットを抱いて大喜びだった。それに飽きると、フェツシマヤマネコ、ヤマアラシ、カワウソ、フェネック、カピバラ、ペンギンなどを次々に見て回った。

最後に訪れたのが、「リスの小径」という金網で覆われた檻だった。入口に管理員がいて、二重の扉を開いて私たちを檻の中に入れてくれた。たくさんのニホンリスが檻の中を自由に走り回っていた。エサを食べるもの、木の上で寝ているもの、仲間とじゃれあっているものなどさまざまだった。

この檻の中に、予期せぬ同居者がいた。それを喜一が目ざとく見つけた。

「ジイジ、あれはキジじゃないの。僕、動物図鑑で見たことがあるよ」
なんと、キジの番《つが》いが檻の片隅のサザンカの茂みの陰に伏せるようにして佇んでいるではないか。鶴子も続けた。
「ジイジ、あたしも知っているわよ。桃太郎さんに出てくるキジだよね」
「二人ともよくわかったね。あれはキジのオスとメスだよ。虹色の美しいのがオスで、茶色っぽいのがメスだ。ここを出たら、ジイジがキジの話をしてあげるからね」

キジが多かった宇久島

私たちは、「リスの小径」を出て、軽食売り場の近くのベンチに座ってアイスクリームを食べた。食べながら、私は子供の頃のキジにまつわる話を孫たちに話し始めた。

「ジイジの故郷・宇久島は、キジが多かった。よほど気候風土が合っていたのだろう。ジイジのお母さんが子供の頃は、猟銃で撃つ人もいなかったので、キジが数十羽も群れをなして、松林や麦畑の中などで運動会をしていたそうだよ。

ジイジは、戦争が終わった2年後の昭和22年の生まれだが、物心がついた頃には、占領軍のアメリカ兵たちが佐世保から船に乗って宇久島にキジ撃ちにやって来ていた。

島にキジ撃ちに来た若いアメリカ兵が迷子になった話を紹介しよう。

ジイジの村に、福浦久市さんという当時40歳くらいの小父さんがいた。ある冬の日の夕暮れ時、久市さんが暗くなりかけた松林の中で薪を採っていると、仲間とはぐれて道に迷ったらしい若いアメリカ兵が近づいてきたという。

そのアメリカ兵は、久市さんを見つけると泣きつかんばかりに助けを求めてきたそうだ。戦争が終わった後とはいえ、数年前までは敵国であった日本の僻地の山の中で仲間とはぐれてしまったアメリカ兵は、さすがに心細かったらしい。

一方、そんな事情は知る由もない久市さんのほうは、銃を持った巨漢のアメリカ兵が暗がりの中から突然迫ってきたものだから、すっかり魂消《たまげ》てしまった。

アメリカ兵は巻き舌で「プリーズ・ヘルプ・ミー」などと哀願したのだろうけれども、久市さんにはチンプンカンプンだった。一方のアメリカ兵にとっても、「どぎゃんとしたとですか？（＝どうしたのですか？）」などと宇久島の方言で応じられても、全くお手上げの状態だったに違いない。

久市さんによれば、悪戦苦闘の末、身振り手振りを総動員して、なんとかアメリカ兵と意思を通じることができ、島で唯一の交番まで連れていって、ことなきを得たという。

二人のやりとりの場面を想像すると、当の二人には申し訳ないが、大変シリアスではあるものの、一大喜劇だったに違いない。観客がいなかったのは残念だったが」

喜一と鶴子は大笑いだった。鶴子が言った。

「ジイジ、あたしはもう英語の勉強を始めているのよ」

「それは素晴らしいね。アメリカ人と楽しく話せるように頑張ってね」

喜一もコメントした。

「ジイジ、僻地の宇久島に来るアメリカ人と島の人たちとの言葉のギャップは大きかったね。でも好奇心旺盛なジイジにとっては、さぞ面白かっただろうね」

ギブ・ミー・チョコレート

「喜ちゃんの言う通りだよ。ジイジにとっては、何もかもすごく興味深いことだらけだった。子供の頃のアメリカ兵の最初の記憶は、事故防止のために、島では見慣れない赤や黄色や緑色の原色の服を着た大男たちの姿だ。小さい子供の目にアメリカ兵は余計巨漢に映ったのかもしれないね。

村の近くに、彼らがキジ撃ちに来ると、危なくない範囲で、子供たちがぞろぞろとつき従った。アメリカ兵たちは、いつもチューインガムを噛んでおり、子供たちには気さくで陽気に応対してくれた。何かわけのわからない言葉で喋り掛け、チョコレートやチューインガムをくれた。

占領軍のアメリカ兵に対し、『ギブ・ミー・チョコレート』と物乞いした言葉が、後になって、暗く卑屈な占領時代を象徴するフレーズのように語られたが、ジイジ自身は当時を振り返ってみて、チョコレートやチューインガムをもらったことに卑屈で暗い記憶はない。

いや、むしろアメリカ兵たちこそが、僻地に育ったジイジに対し、世界を支配するアメリカ人とその優れた文化などを強烈に印象づけてくれた先駆けとなったわけだ。

アメリカ兵たちは、宇久島の野や畑で、警

笛を鳴らして猟犬をコントロールしながらキジを探させた。『ピー、ピリ、ピリ』とあちこちで警笛が鳴り、時々『ズドーン』と猟銃の音が聞こえた。『ズドーン』という銃声を聞くたびに『あっ、またキジを撃ってるな！』と心がときめいたものだ。

しばらく経ってから、銃声がした松林などに行ってみると散弾銃の薬莢があちこちに落ちていて、キジの美しい羽根が飛び散っていた。薬莢は、雷管のある頭部はピカピカの金属(後に真鍮と知った)で、火薬・散弾を包む部分は赤色や緑色の油紙でできていて、なかなか美しいものだった。散弾が飛び出した穴の部分に鼻に近づけてみると、プーンと硝煙の匂いがした。

硝煙の匂いを嗅ぐと、不思議なことに、キジがアメリカ兵から撃ち落とされた時の光景が、少年ジイジの脳裏にありありと浮かびあがってくるのだった。その様子とはこうだ。

小松の茂みから飛び上がる虹色のオスのキジ。緑色のハンチングに赤いジャンパーのアメリカ兵がすかさず水平二連の散弾銃を構えて引き金を引く。一瞬のうちに銃声が轟き、硝煙の匂いがあたりに立ち込める。突然空中で失速し落下するキジ。あたりには散弾に当たって抜けた羽根が桜の花びらのように風に舞っている。興奮して吠えながら駆け回る白に茶の斑《まだら》のセッターやポインター。やがて、獲物をくわえてアメリカ兵のもとに戻ってくる……」

「ジイジは、薬莢を見つけるたびにこんな情景を思い浮かべたものだ。この薬莢こそが未だ想像もつかないアメリカ文化のシンボルのように思えた。ジイジは、これらの薬莢を家に持ち帰り、箱に入れて宝物のように大切に保管し、ためつすがめつ眺めたものだ。

敗戦によりもたらされたアメリカ兵のキジ猟を見て、ジイジはアメリカの文化や社会に対する強い憧れと深い興味を抱くようになった。アメリカ兵のキジ猟を間近で見たことが、後にさまざまな形で、ジイジの人生に少なからぬ影響を与えたと思うよ。

ジイジにとっては、薬莢のほかにも宝物があった。それはキジの羽だ。キジが撃ち落とされたと思われるあたりには、たくさんの羽が散乱していた。オスの羽の色はとにかく美しい。この世のものとは思えないほど神秘的な美しさがある。

中でも尾羽がいい。長いものでは50センチほどもあり、茶褐色の生地に黒い斑点が約1・5センチおきにプリントされ、騎士の剣にも似た形をしている。

ジイジは、これらの羽毛をたくさん集めて帽子の横や学生服の胸のポケットに挿したり、本の間に挟んだりした。

一方で、これらアメリカ兵のキジ猟が引き起こす問題もあった。彼らは、猟犬を島外から連れてくるのだが、猟が終わると、犬を島に残したまま帰る者がいた。猟の間に犬がはぐれ、迷ってしまったのかもしれない。

いずれにせよ、島に置き去りにされた猟犬たちは野犬となった。元来が猟犬だったせいもあろうが、まるで狼のように島民の家畜を襲った。ジイジの村でも放し飼いにしている鶏がやられた。それだけではない。当時、島ではアンゴラウサギを飼育するのが流行《はや》っていたが、ジイジの家のウサギも野犬に小屋の金網を破られて食い殺された。小屋の周りには、血糊のついたウサギの毛が散乱していた。アメリカ兵が残した野犬の仕業に違いなかった。

またある時、松林の中で犬の吠える声がするので近づいてみると、白昼堂々、数匹の猟犬が牛を追い立てている光景を見たこともある」

西洋犬に想う金髪の少年少女の姿

「これらの犬は、島ではほとんど見かけない大型の西洋犬で、セッターやポインターの雑種ではなかったかと思う。耳が垂れ、毛は白地に黒や茶の斑があり、足はすらりと長く、尻尾は背中と同じくらいの高さでまっすぐ後ろに伸びていて、優美な姿をしていた。島でよく見かける茶色で巻き尾の日本犬の雑種とは明らかに異なっていた。

ジイジは、セッターやポインターを見るたびに、金髪の少年や少女――まだ実物を見たことがない――を連想したものだ。アメリカは犬までも違うのか、と思った。ましてや、その社会全体はどんなものだろう、と果てしない興味が湧くのだった。

ジイジは、捨てられた猟犬を自分の飼い犬にしたいと思ったが、これらの犬は、なぜか決して島民に懐《なつ》こうとはしなかった。アメリカ兵たちから海を越えて宇久島に連れてこられたものの、用が済むと置き去りにされたことで、人間不信に陥ったのかもしれないと思った。

ジイジは、これらの犬の生い立ちや素性についてあれこれと思いを巡らせてみた。アメリカ兵が佐世保あたりで日本人から応急に手に入れたものだったのか、それとも、アメリカ軍が兵士の狩猟用として貸し出すため、わざわざアメリカ本土で調達し、太平洋を越えて運んできたものか……。

いずれにせよ、島に置き去りにしたり、行方不明になっても強いて探さなかった様子から見て、これらの猟犬に対するアメリカ兵の愛情の程度が察せられるような気がした。

喜ちゃんと鶴ちゃんの年齢では理解するのが難しい話だと思うが、これらの哀れな猟犬は、終戦直後、オペラにもなった『蝶々夫人』の主人公の女性がアメリカ海軍士官のピンカートンに裏切られたのと同じように、進駐軍の兵隊さんから捨てられた日本人女性たちの境遇と重ね合わされるような気がした。

焼け野原で生きるために、アメリカ兵たちのお友達(＝愛人)となった日本人の女性たちは、アメリカ兵が本国に帰る時にはみじめな猟犬と同じように捨てられた者が多かった」

鶴子が言った。

「ジイジ、あたしにもなんとなくわかるわよ。大事に飼っている犬や猫を自分の都合で捨てるのは良くないことよ」

「ジイジ、その優美な姿のポインターやセッターが欲しいというジイジの気持ちは、よく理解できるよ。僕も犬が飼いたい。パパがまだ許してくれないけど」と喜一も言った。

「喜ちゃんが言う通りだが、実は、その優美な猟犬の子犬がジイジの手に入るチャンスがあったんだ。ジイジの家には、ピースという名の日本犬の雑種のメス犬がいた。彼女が発情期になると、これらの野犬となった猟犬がやって来るようになった。

お父さんが太い針金で罠を仕掛けたところ、見事に野犬の1頭を捕獲した。ジイジは、この美しい野犬を自分の飼い犬にしようと、蒸かし芋で手懐けようと近づいたところ、牙を剥いてものすごい形相で唸り、ジイジに噛みつこうとした。だから、惜しいとは思ったが、お父さんに頼んで針金をペンチで切断してもらい、逃がしてやった。

愛犬ピースに美しい洋犬の血が混じった子犬が産まれることを期待したが、子犬が産まれる前に、ピースに大事件が起こった」

保健所の職員に殺された愛犬

「佐世保から海を渡ってきた保健所の職員と名乗る数名の男たちにピースが捕獲され、殺されたんだ。喜ちゃんと鶴ちゃんには酷な話だと思うが話そう。

惨劇の顛末はこうだ。お母さんによれば、その時ピースは玄関先に寝ていたという。佐世保の保健所から来た男たちはピースに吠える暇も与えず、慣れた手つきで針金の輪を首に掛けたそうだ。そして、必死にもがくジイジの愛犬を、針金で締め上げ、引きずって、トラックに積んだ檻の中にぶち込み、3キロほども離れた平港のほうに連れ去ったという。

ジイジは、幸か不幸かその時学校に行っていて不在だった。帰宅後、事の顛末をお母さんから聞いた。玄関先の敷石の表面をよく見ると、ピースが必死で抵抗し、もがいた時にできたと見られる、爪による無数の引っ掻き疵が残されていた。

ジイジは、子供心に、『いつか大人になったら、お前を殺した憎っくき保健所職員に対し、必ず復讐してやるぞ！』とピースの魂に誓ったものだ。

アメリカ兵のキジ撃ちに伴う実害はほかにもあった。当時、島民の使う燃料の一つに松の落ち葉があった。人々は松林に入り、『木葉《こは》掻《か》き』と呼ばれる木製の熊手で松の落ち葉を掻き集め、持ち帰って燃料としていた。実は、この松の落ち葉の中にアメリカ兵が落とした猟銃の実弾が混入していたんだ。

ある家で、風呂を焚いていたところ、突然『ドカーン』と爆発したそうだ。幸い怪我人はなかったそうだが、それ以来島民たちは、松の落ち葉を採る際は、実弾が混入していないかどうかに神経を使うようになった。

キジにまつわる話は、ほかにもたくさんあるけど、次は、喜ちゃんと鶴ちゃんのために、ジイジが素手でキジを捕まえた話をしよう」

一人ぼっちが好きだった少年時代

早速、喜一が疑義を唱えた。

「エーッ、子供のジイジがあの空を飛べるキジを素手で捕まえたの。そんな馬鹿でのろまなキジがいるのかな」

「その通りだ。すばしっこく、すぐに飛んで逃げるキジを人間が捕まえられるはずがない。だけど、子供のジイジは確かにこの手でオスのキジを捕まえたのだ。これから、その話をしてあげよう。

中学生の頃のジイジは、学校に行く時は3キロほどの距離を、たった一人で畑や松林の間を縫う小さな野道を通っていた。

ジイジは子供の頃から大勢の仲間と群れるのをあまり好まなかった。ほかの中学生たちは、島を一周する唯一の県道を通っていた。

ジイジが通っていた野道は野芝で覆われ、ノイバラ、ノアザミ、スミレ、ノギク、ナデシコ、シロツメクサ、ハギ、ススキ、ツワブキなどが季節ごとに代わりばんこに花を咲かせていた。

また、春はグミ、夏は野イチゴ、秋はイヌビワ、冬はオオイタビなどの天然の果物もたくさん摘めた。ホオジロやヒバリにも出会うことができた。畑には季節ごとに麦、薩摩芋、大豆などが植えられ、日々その成長の様子を見るのが楽しみだった。

ジイジは、特に麦の成長を見るのが好きだった。秋に撒かれた麦の種から芽が出て、冬の木枯らしにもめげず力強く青々と伸びていく。春になると、勢い良く伸びて独特の甘い香りを春風に乗せる。そして、梅雨直前の五月晴れの頃が麦の美しさのクライマックスとなり、刈り入れ時を迎えるのだ。

爽やかに渡る薫風にそよぐ黄金色の穂波を眺めていると、子供心にも人間の力を超えた自然の恵みを感ぜずにはいられなかった。

一人だけで野道を通学するメリットは、ほ

かにもあった。

　喜ちゃんと鶴ちゃんからは『ダサイ』と笑われるかもしれないが、ジイジは誰憚ることなく大声で、当時流行っていた三橋美智也の『夕焼けとんび』という歌を歌った。また、『リバイズド・ジャック・アンド・ベティ（Revised Jack and Betty）』という英語のリーダーの教科書を声高らかに音読することもできた。さっきも言ったが、ジイジはこの頃から友達と群れ騒ぐよりも、一人だけでいることを好むようになっていたんだ」

「あたしはやっぱりお友達と一緒のほうが楽しいわ」と鶴子が言った。

　喜一も「ジイジ、僕も友達と遊んでいるほうがやっぱり楽しいよ」と相槌を打った。

「その通り、二人とも友達と仲良くするのは良いことだな。キジの話を続けるよ。あれは、中学1年の3学期、1月か2月頃だったと思う。早春の気配が漂い始めたある日の朝、ジイジはいつものように家を出て、野道伝いに一人で学校に急いでいた。小道沿いにネズミモチの生け垣がある麦畑にさしかかった時だった。ふと、生け垣越しに麦畑の中を覗くと、思いがけず色鮮やかなオスのキジがいるのが目にとまった。

　畑には、大麦の芽が5～6センチほども伸びていたが、キジは麦が生えている畝と畝の間の土の上にうずくまっていた。ジイジは生け垣の間から息を凝らしてしばらくじっとキジの様子を窺っていたが、不思議なことにちっとも動かなかった。

　キジは、早起きだから今時分眠っているは

ずもない。しかし、現実には、キジはジイジから5メートルほどのところに、頭をジイジとは反対方向に向けて、じっとうずくまったままだった。

ジイジはこれを見て、『キジはすでに僕に気づいていて、丈の低い麦の畝の間に隠れたつもりで伏せているのだろうか？』と思った。

キジには、人間や犬が近づくと、すぐに飛び立ったり走って逃げたりせず、草むらなどに隠れてじっとうずくまったままでいる習性がある。

ジイジは、『僕が少しでも近づけば、すぐに飛び立って逃げるに決まっているじゃないか。キジにかかずらって道草を食うのは止めて、このまま学校に行くほうが利口じゃないのか？　遅刻するぞ』と自問した。

その一方で、『いや、待てよ。例え、僕に気づいていたとしても、キジの背後から見えないように抜き足差し足で忍び寄って、一気に飛びかかれば捕まえることができるかもしれない。やってみるべきではないか』とも考えた」

キジを捕まえることを決意

「ジイジはしばらく考えた後に、ついに意を決して、キジに近づいてみることにした。右肩から左斜めに下げていた重いカバンをそっと野道の端に下ろした。ネズミモチの生け垣の隙間から、音を立てないようにしてそろりと麦畑の中に足を踏み入れ、姿勢を低くして、抜き足差し足でキジに向かって進み始めた。

『ほら、そろそろ飛び立つはずだぞ……』と思いつつも、キジから2～3メートルのところまでにじり寄った。しかし、キジは一向に飛び立つ気配を見せなかった。ジイジの胸は高鳴った。『この心臓の鼓動を感づかれないだろうか？』と真面目に考えたほどだ。

なおも近づいた。とうとう、キジから1メートルほどにまで間を詰めたが、キジはまだうずくまったままだった。『馬鹿な奴め！』と苦笑いしそうになった。

さらに慎重に一歩にじり寄ったが、キジはいっそう身を固くしているかのように見え、微動だにしなかった。『一瞬の隙を捉えて、飛び立とうとしているのだろうか？』と、なおも訝りつつ、キジを間近に凝視した。こんな大事な時なのに、ジイジは、ふと一瞬のことだったが、ポインターとキジの駆け引きのことを思い出した。

鳥猟に使うポインターの名の由来はこうだ。ポインターはキジの匂いを追ってその居場所を突き止めると、その数メートル手前で鼻先を獲物に向けたままじっと立ち止まる。まるで、キジの居場所を鼻先で指し示しているかのように。そのポーズを『ポイントする』という。このことが、ポインターという呼び名のいわれだ。

もちろん、キジのほうでも猟犬が近づいてきているのは百も承知だ。だがこの鳥の本能は実に不思議だ。危険な敵が迫ってきてもすぐには飛び立たない。いや、『飛び立てない』のが、この鳥の習性の特殊なところだろう。

キジは、地面から空中に飛び上がった後の飛び方が直線的で単調なので鷹などにとって、格好の獲物となりやすい。そのため、キジの進化の過程で、『迂闊に空中に飛び上がっちゃダメだよ』という本能がＤＮＡに組み込まれてしまったのかもしれない。

散弾銃でキジを撃つ時は、ポイントしている猟犬に「行け！」と命じて藪の中に突入させ、キジを飛び上がらせる。つまり、キジを飛び立たせるためには、何らかのきっかけ（＝動機づけ）が必要なのだ。このように、キジは実に優柔不断で不器用な鳥なのだ。

スズメやヤマバトなどであれば、人や犬の近づく気配を感じた場合、その場で身を固くしてうずくまるような馬鹿な真似はしない。瞬時に飛び去ってしまう。

ジイジは大人になって、キジの習性は、イデオロギーに縛られた人間に似ていると思った。イデオロギーに凝り固まった人間は、それに拘泥するあまり、柔軟な発想で自由に行動できなくなってしまう。なんだかキジに似ているように思えた。この話は、喜ちゃんと鶴ちゃんには少し難しいかもしれないな」

「イデオロギーという言葉はあたしは知らないわ」と鶴子が言った。

「ジイジ、僕と鶴子がわからない部分はそのままでいいから、話を続けて。キジはどうなったの」と喜一が言った。

ヘビを引きちぎるキジの翼のすごい力

「ごめん、話を続けるよ。ジイジは一瞬のうちに、キジの習性について、そんなふうにいろいろと思いを巡らし、『このキジは、飛び立つタイミング、口実を見つけようと必死になっているんだ。僕があまりに上手く忍び寄るものだから、きっと飛び立てないでいるに違いない』と一方的に合点した。

信じられないことだが、ジイジはとうとうキジに手が届くところまで忍び寄ってしまった。呆れたことに、それでもキジは動かない。

ジイジはその段階でも『まだ油断はできないぞ！』と自分を戒めた。ジイジは、お父さんの八平から聞いた『キジとクチナワ（＝ヘビの方言）の戦い』の話を思い出した。お父さんは子供のジイジにこう話してくれた。

『キジは、クチナワに出会うと、わざと自分の体に巻きつかせるそうたい。隆ちゃんはキジがどぎゃんなる思うね』

『クチナワに絞め殺されて、食われるとじゃろう』

『違うとたい。翼ば、バタバタとすれば、クチナワはちぎれてしまうとたい』

『キジの翼はそぎゃん、強かとね』

『強かも強か、鎌のごと切れる強か翼たい』

お父さんの話はざっとこんなものだった。

そういえば、麦畑などを歩いていると、時々足元からキジが飛び立つことがあったが、その羽音のものすごいこと。キジの羽音のすごさを思い出すと、お父さんの話が納得できた」

懐かしい故郷を思い出させてくれる鳥

「ジイジは、キジに手が届くところまで来ても、翼の怖さが頭をかすめ、手を出すのを躊躇しつつ自問自答した。

『キジの体のどこを掴めば良かろうか？』

『やっぱり、翼が良かと思うばってんね』

『翼ば、力いっぱい押さえれば良かろうもん。

キジが羽をバタバタできんごと』

ジイジはあれこれ迷った末、『この期に及んで躊躇している暇はない』と思い直した。ついに『エイッ』とばかりに、見事にキジの翼を握り全体重をかけて地面に押さえつけた。そして、反射的にキジの抵抗を持ったが、何としたことか！　全く反応がなかった。

『あっ、死んでいる！』と一瞬のうちに直感した。ジイジが近づいても、キジが飛び上がって逃げなかったすべての事情が呑み込めた。

羽根の上から、全身くまなく調べたが、無傷だった。十分に肉がついており、羽毛の光沢も立派で、病死でもなさそうだった。苦しんで、もがいたような痕跡もなく、毒にあたって死んだわけでもなさそうだった。実に不思議だった。

ジイジは、『そんなことはどうでもいい。キジを捕まえたのだから』と思い直した。感激の余韻とともに、キジをカバンに詰め込んで、そのまま学校に急いだ。学校に着くと、その朝のスリリングな体験を級友たちに早口でまくし立てた。しかし、その感動は友達とは分かち得ないものであることがわかった。それでもジイジは、満ち足りた思いでカバンの中のキジを撫でつつ、一人ほくそ笑むのだった。

ジイジにとってキジは、懐かしい故郷・宇久島を思い出させてくれる鳥だ。喜ちゃんと鶴ちゃんが大人になった時、懐かしい思い出に繋がる鳥は何だろうね。二人が大人になってから、ジイジが井の頭自然文化園でキジの話をしたことを、わずかにでも思い出してくれればいいね」

「ジイジがキジの話をしてくれた今日のことをきっと思い出すよ」と喜一が答えた。
「あたしは、バアバのことも思い出すわよ」と鶴子がバアバを見ながら言った。

第八話　麦

先のキジの話でも出たが、少年の頃の思い出に残る宇久島の原風景の一つといえば、冬枯れの段々畑の中で青々と芽を伸ばし、5月頃に黄金色の実りを迎える麦畑だった。

私が孫たちと一緒に麦畑を見たのは、鬼怒《きぬ》川《がわ》温泉への一泊旅行の時だった。私は自衛隊退官後、民間のエレベーター会社に採用していただいた。同社のゴルフコンペで、何と鬼怒川温泉一泊のペア旅行券をもらった。それはスコアが良かったからではなく、順位が偶然にその賞に当たっていたからだ。

私と妻だけでは物足りないと思い、せっかくの機会だからと奮発して、娘と二人の孫も誘い、日光東照宮や江戸村を巡る旅に出かけた。それはちょうど麦の穂が黄金色に輝き、刈り入れ時を迎える麦秋の頃だった。

東武鉄道の特急スペーシアで浅草を出発して鬼怒川温泉に向かった。一つの座席を反転させ、ファミリーが対面して座り、孫たちとの語らいを楽しんだ。

春日部あたりを過ぎる頃から黄金色の麦畑が車窓から見えるようになった。私にとっては少年時代を思い出させる懐かしい光景だった。私は喜一と鶴子に窓の外の麦畑を指さしながら話しかけた。

「喜ちゃん、鶴ちゃん、あの黄金色に見える畑には麦が実っているんだよ。もうすぐ刈り入れの頃だ」

「へー、あれは麦なの。あの麦からパンやうどんができるんだね」と喜一が応じた。

「今から50年以上も昔、少年のジイジが宇久島で過ごした頃の麦に因んだ話をしてあげよう。

島では秋が深まる頃、薩摩芋や大豆の収穫が終わった畑に麦を植える準備をするんだ。ジイジのお父さんは牛に引かせた犂《すき》で畑を耕した。右足に障碍を持ったお父さんは少し足を引きずり気味にして、『ホイ、ホイ、ホイ』と牛を励ましながら、畑を耕すのだった。

タバコ好きのお父さんは、自宅で栽培した葉タバコから作った紙巻タバコを片時も手放さないほどのヘビースモーカーだったが、畑を耕す時ばかりは、土にまみれながら長時間タバコを吸わずに、犂にしがみつくような格好で、牛に引きずられながら畑を耕していた。

お父さんは、福浦村の周りに散らばった10

カ所ほどある段々畑の数だけ、牛に引かれて汗と泥まみれの日々を過ごさなければならなかった」

シマ祖母ちゃんの曲がった右手

「お父さんの苦行が終わる頃、いよいよ一家総出の麦植えが始まるのだった。家族にはそれぞれに役割があった。お父さんは、牛車で堆肥などを運んだ。お母さんは、幅の広い広鍬《ひろぐわ》で麦の種をまくための浅めの溝を掘った。シマ祖母ちゃんは、お母さんが掘った浅い溝に、ノイバラの古株のように異様に曲がった右手で、器用にほど良い密度で麦の種をまいた」

ここまでを聞いて、喜一が早速質問をよこした。

「ジイジ、シマ祖母ちゃんの右手はなぜノイバラの古株のように曲がってしまったの」

「シマ祖母ちゃんはその昔、家の近くの田んぼにセリを摘みに行った時に右手の親指をマムシに噛まれたそうだ。当時は血清が手に入らず、大した治療もできなかったという。『熱が出てきて、痛くて痛くて、布団に包《くる》まってウンウン唸って耐えとったとばい』とシマ祖母ちゃんはジイジに話してくれた。『親指だけじゃなく、右手全体が腕のつけ根まで丸太のごと腫れた。ああ、もう死ぬとばいねと観念しとったとよ』と続けた。『不思議なもんたいね。若かったせいか自然に腫れが引いてきて良うなったとよ。ばってん、こぎゃんにおかしか指になってしもうたとたい』と、右手を見せてくれたものだ。

シマ祖母ちゃんの右手をよく見ると、異様に曲がっているだけではなく、爪がほとんど残っていなかった。

「マムシって恐ろしいヘビなのね」と鶴子は言った。

「そう、恐ろしいヘビだ。でも、シマ祖母ちゃんの苦難はそれだけではなかったんだよ。

ジイジのお祖父さんの多四郎は酒好きで、ジイジが物心ついた頃には、昼間からシマ祖母ちゃんが密造した芋焼酎を飲むこともあった。酔うと、シマ祖母ちゃんにからんで辛く当たることが多かった。ジイジは、子供心にもそのことが悲しかった。

村役場の収入役まで務めた多四郎祖父さんだったが、長男であるお父さんの八平が障碍を持っていたことや、嫁いだ娘たちに心痛の種があったことなど、酒に逃れたい理由があったに違いない。

これに対して、シマ祖母ちゃんは常に忍従を貫いた。お父さんが障碍を持っていたことは、シマ祖母ちゃんにとっても大きな心の重荷だったに違いないが、多四郎祖父さんに対する忍従と同様、お父さんに対しても不満めいた言葉は決して漏らさなかった。

ノイバラの古株のように異様にねじ曲がったシマ祖母ちゃんの指は、祖母ちゃんが風雪に耐えた人生そのものを象徴していたような気がしてならない」

喜一が発言した。

「ジイジのお祖父さん、お祖母さん、お父さん、お母さんの話がよくわかった。僕のジイジ方のご先祖の話、僕は絶対に忘れないよ。

ところで、麦植えの時、ジイジは何を手伝っていたの」

麦植えの時のジイジの仕事

「ジイジの役目はね、シマ祖母ちゃんがまいた種の上に、ハネ肥《ごえ》を散布することだったんだ。

ハネ肥とは、牛の糞尿と藁などを混ぜて作った堆肥のことだ。ジイジは、このハネ肥を『ホゲ』と呼ばれる竹編みの手籠に入れ、素手でひと掴みずつ取っては麦の種子の上にまいたよ。ハネ肥の量が多過ぎると麦が伸び過ぎて倒れる(＝倒伏)し、少な過ぎると育ちが悪くなる。だから、バランス良くまくのに苦労したものだ。

ハネ肥は、牛の糞尿が主体で、十分に寝かせ醗酵しているとはいえ、感触や匂いは糞尿そのものに近かった。だが、当時は一向に気にならなかった。ジイジがハネ肥をまき終わると、お母さんは次の溝を掘った土を麦の種子の上に丁寧に被せてやった。

こうしてまいた麦の種が年末には発芽し、冬枯れの島に広がる段々畑が瑞々《みずみず》しい緑の絨《じゅう》毯《たん》で覆われる。小・中学校が冬休みになる頃、ジイジは麦畑の土入れ作業を手伝った。

土入れ作業とは、麦畑の畝と畝との間の土を掘り、その土を麦の株の上に被せる作業のことだ。数センチに伸びた麦の芽は、土入れ作業をしてもらうことによって根を張り、分株して成長し、たくさんの実を結ぶことができるのだ。

土入れ作業では、畝と畝の間の土を鍬でザクッと掻き取って引き上げた後、左斜め後ろの畝の麦の上にその土を被せる。土入れ作業は腰が痛くなる重労働で、子供のジイジは半日の作業でさえもくたくたに疲れた。

麦畑での母との会話

お母さんの土入れ作業は年季が入っていて子供のジイジから見ても見事だった。すべての動作が一つの流れになっていて無駄がなかった。

ジイジの場合はザクッと土を掻くまでは同じだが、この土をヨイショと引き上げていったん止め、やおらその土を麦の上に被せてやるという二段モーションで、お母さんに比べて仕事も遅いし、疲れるのも早かった。

ジイジは、小学校高学年から中学生時代にかけて、よくお母さんと二人で麦畑に出て、土入れ作業を手伝った。お母さんは土入れの間、あれこれとジイジに話をしてくれた。

お母さんの話は、自慢話や人生訓などが主だった。これらの話は、繰り返し何度も聞かされたような気がする。お母さんの自慢話の一つはこうだった。

『私は7人兄弟の長女だったから、弟や妹の面倒を見たり、家事の手伝いに明け暮れる毎日だったとよ。家で勉強すると、お父さんにこっぴどく叱られたもんたい。〝百姓の子が勉強せんでもよか。家の手伝いだけすればよか〟と言われたとよ』と、土入れ作業で少し息を弾ませながら話した。

『それでも勉強が好きで好きでたまらず、わずかの暇を見つけては、お父さんに隠れて勉強しとった。だが、運悪くお父さんに見つかると、二度と勉強できんようにと机を天井裏に投げ上げられてしもうたとよ。さらには、〝今度勉強しているところば見つけたら、指をへし折るからな〟とまで言われた』と悔しそうに悲しそうに話したものだ。

『昔は、小学校の後、中学2年生まであったとよ。母さんは中学ば出る時、総代に選ばれ〝神田賞〟ばもろうたとばい。そん時の副賞があの針箱たい』と締めくくるのが常だった。

その針箱というのは、母が大切にしていた花柄模様のセルロイド製の古い針箱を指すのだった。お母さんもジイジも通った島の神浦《こうのうら》中学校は、その昔、宇久島を出て裸一貫満州に渡り、財を成した神田藤兵衛という篤志家が私財を擲《なげう》って建ててくれたものだった。この神田翁が設けた賞をもらったことが、お母さんの唯一最大の自慢の種であった。

そんな辛い体験からか、お母さんはジイジたち子供に、『あなたたちが勉強するなら、私はどんな苦労をしても応援してあげるから、頑張ってね』と、繰り返し繰り返し言い聞かせるのだった」

「昔は、勉強すると親から叱られたのね。今、あたしは勉強しないと怒られる」と鶴子が言った。

「理絵お祖母ちゃんは土入れしながら、ほかにどんな話をしたの?」と喜一が聞いた。

母の話は言葉による「土入れ」だった

「お母さんは修身教育にも熱心だった。お

母さんの修身教育は、こんなふうだった。

『【実るほどこうべを垂れる稲穂かな】という諺があるとよ。村の人に会うたら、とにかく先に頭を下げて挨拶ばせにゃいかん。

挨拶の言葉は〝おはようございます〟でも〝今日は天気の良かですね〟でも何でもよか。人より先に頭ば下げきらん人間は、頭の中に実の入っとらんバカタレということを自分で証明しているようなもんたい』

今振り返ってみると、お母さんは土入れの間、麦の苗に土を被せてその生育を促すのと同様に、自分の長男であるジイジに対しても『言葉による【土入れ作業】』を施してくれていたのだろう。

ジイジが人間として成長していくことを願い、土の代わりに自らの口から、人生を歩んでいくためのさまざまな知恵や教訓を与え、ジイジの魂に【土入れ】していたのだろう」

「ジイジも、理絵お祖母ちゃんの話を参考に、喜一と鶴子の心に【土入れ】をしてくれているわけね。ありがとう」と娘の可奈子が合いの手を入れた。

「喜ちゃん、鶴ちゃん。ジイジは、宇久島を離れる時、実は麦畑の中から旅立ったんだよ。春を迎えると、麦はいよいよ伸び、島を渡る風に波打った。

この頃になると、麦畑の中にオオイヌノフグリ、カラスノエンドウ、ハコベなどの雑草が一斉にはびこった。このため、ジイジたち子供も含め、島の農民たちは麦畑の草取りに励んだ。冬の間、枯れた稲藁ばかり食べさせられていた牛たちにとって、この麦畑で採れた瑞々しい青草は最高のご馳走だったよ。

　ジイジは昭和38年の春、佐世保の高校へ進学することになった。海を越えて佐世保に渡るその日の朝まで、ジイジは村人たちと一緒に麦畑の草取りをしたものだ。昼近くの定期船に乗るために一足先に畑から自宅に戻り、お母さんと一緒に家を出て港に向かった。

　港への道すがら、直前まで草取りしていた麦畑の近くを通りかかると、作業に励む村人たちが、麦の中から立ち上がって一斉に手を振って見送ってくれた。『隆ちゃん、きばれよ！』などと口々に叫ぶその光景が今でも鮮明に思い出されるよ。

　島で育った子供の頃の思い出は、この麦畑の中からの旅立ちの日で終わる。ジイジも風に揺れる若い麦と同じように、不安と期待を胸に宇久島から、明日に向かって旅立ったのだよ」

「そうか、ジイジは麦畑から巣立ったんだね」

と喜一が言った。

　すかさず鶴子が「麦畑から巣立つなんて、ジイジはまるでヒバリの赤ちゃんみたいだわね」と言ったので、皆が笑った。

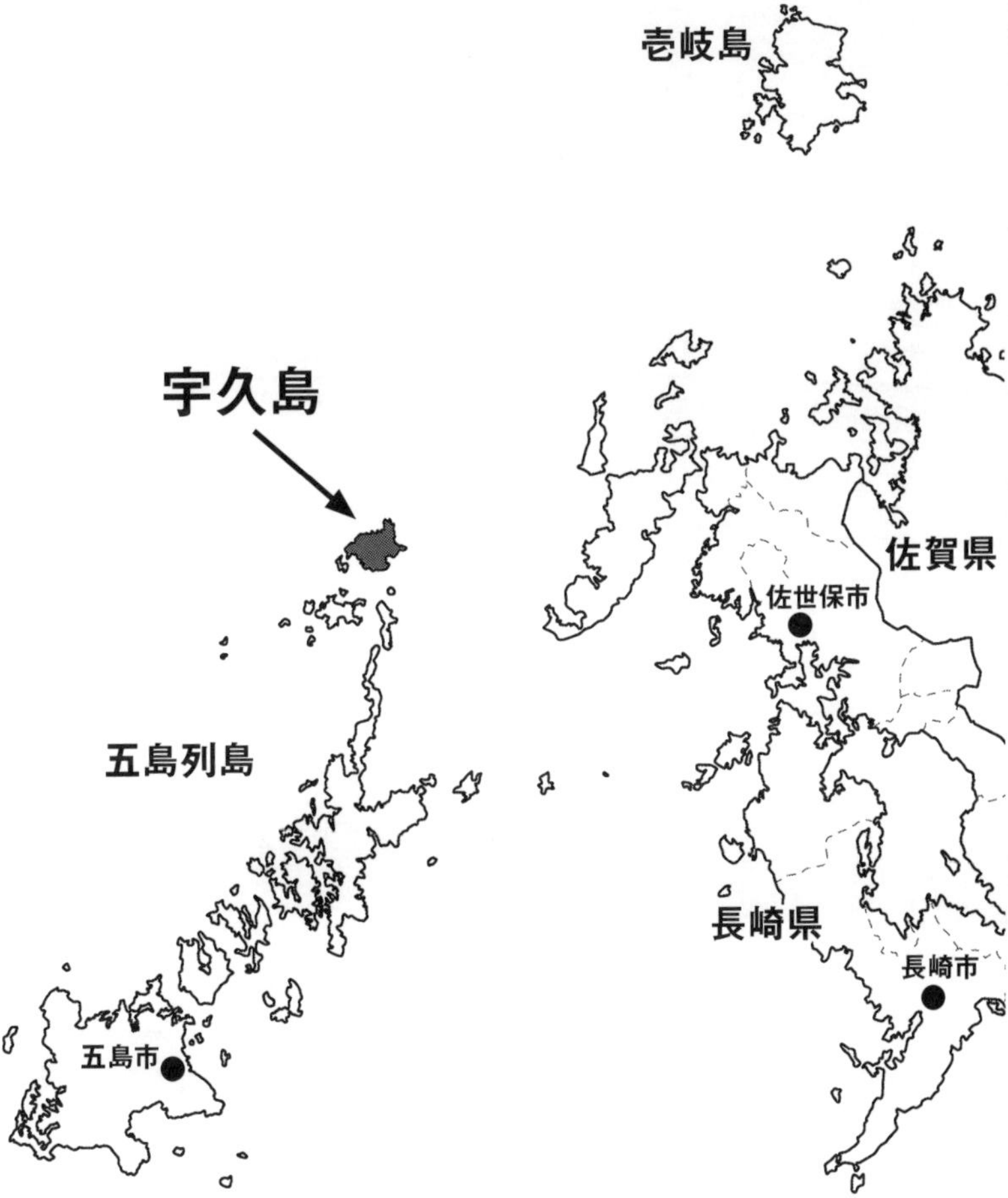

現在の長崎県佐世保市宇久島周辺

あとがきに代えて――甥からのメール

三次《みよし》のコロナも落ち着いてまいりました。

伯父様におかれましては、執筆活動や講演活動にお忙しくされていることと存じます。

昨日、老人ホームに往診し、理絵お祖母ちゃんに会いました。いつものようにデイルームで塗り絵をしていました。お祖母ちゃん曰く、「状態は平行線で右肩下がりにはなっていない」とのことでした。

昨日は伯父様から送っていただいた『閣下と孫の「生き物すごいぞ！」』の原稿をプリントアウトしてお祖母ちゃんに持っていきました。全部印刷すると100枚以上にもなるため、主に宇久島やお祖母ちゃんのことが書いてある部分のみを印刷して持参しました。「隆伯父様が書いた原稿だよ。ここにお祖母ちゃんの話が書いてあるよ」とページを開いて読んでもらいました。

お祖母ちゃんは「鎮台ゴッ」や「クサビ」や「麦まきのハネ肥」などの部分を興味深そうに読んでいました。クサビのところで伯父様が近所の大人に混じって本ジャッを捕まえたりクサビを釣ったりするところを読んで「隆ちゃんは福山家の防波堤のような意識で頑張ってたんよ」と言いました。

読み終わると「ほかの人には取るに足りないことでも、自分が昔、住んでいたところの生活がどんな様子で、人々がどのように生きていたかを後の世に伝えることは大切なことだよ。隆ちゃんはよく書いてくれたよ」と言いました。

その後、お祖母ちゃんは僕にとってはショッキングな話をしてくれました。お祖母ちゃんは生まれて1カ月もたたない乳児の頃、右耳の後ろが化膿し、膿が出るようになって、なかなか治らなかったそうです。近所の人や親戚までもが「この子はかわいそうだけど、このままではまともに育たんだろう。よしんば育ったとしても、耳の聞こえない障碍者になる恐れがある。だからいっそのこと間引いたらどうか？　育ってからでは間引くのに躊躇するようになるから早いほうが良いよ」と言ったそうですが、お祖母ちゃんの母、ミツお曾祖母ちゃんが頑なに断わったそうです。そのおかげでお祖母ちゃんは93歳まで生き永らえ、その命を子供3人、孫6人、曾孫9人に引き繋ぐことができたのだ——という話をしてくれました。

「耳の後ろの化膿性の炎症はどうなったの」と聞くと、「あれは何にもせず自然に治った」と言いました。お祖母ちゃんが生まれた当時には、まだ間引きが行われていたことを知り、驚きました。それにしても、お祖母ちゃんはよほど運の強い人だったのだと思います。

僕は週1回の診察でお祖母ちゃんに会い、伯父様の手紙や原稿などを見せてお話を聞く機会をとても楽しみにしています。お祖母ちゃんの話は、誕生から今に至るまでのいわば「お祖母ちゃんのオーラル・ヒストリー」です。僕の立場からすれば、父方のファミリー・ヒストリーを聞くのは大変興味深いことです。

一方、僕はご承知の通り、訪問診療をやっています。後期高齢者が増加する中、多くの患者さんの命と向き合う日々を過ごしています。

僕は、このような環境の中で、伯父様の作品の主題になっている人間や生き物の生命について、ご先祖から親、子、孫、曾孫と繋ぐ生命のリレーなどについて、いろいろ考えさせられます。そして、伯父様が15年前に僕たち夫婦の結婚披露宴でスピーチしてくださった内容を思い出しました。伯父様があの時のスピーチとこの原稿で言わんとされていることは、次のようなことだと理解しています。

亡き父は、お祖母ちゃんから2分の1の命（DNA）をもらっています。僕の場合は、お祖母ちゃんから4分の1の命をもらっています。つまり、僕の命の中で4分の1はお祖母ちゃんの命が生きているのです。僕の息子と娘の命の中にも、8分の1のお祖母ちゃんの命が息づいています。

つまり、「1個の生命は子孫を残す限り、子孫の命の中に生き続けている」ということです。20万年前にホモサピエンスがアフリカで誕生したと言われますが、私たちすべての人間は、夥《おびただ》しい先祖の生命を継承しているのだと思います。

そのように考えれば、私たち人間だけでなくあらゆる生命は単に1個の生命ではなく、天文学的な数の先祖の生命を継承している「過去から現在に至る生命の集合体」と考えるべきでしょう。すなわち、1個の生命は極めて重いということです。このことを自分自身に当てはめれば、僕は「僕一人ではない」ということです。このことを肝に銘じ、日々を大切に生きなければならないと思うようになった次第です。

僕が、「お祖母ちゃん、僕が伯父様に何か返事を書いて送ろうか?」と尋ねると「あの当時の島の生活の様子が事細かにわかる素晴らしいスケッチだったので、孫たちにとって貴重な贈り物になるよって伝えておくれ」と言われました。

伯父様の原稿はまさにあらゆる意味での伯父様の記憶であり、そしてファミリーの記憶でもあると思います。命は有限であり、永遠に生きることは不可能としても、伯父様の言われるところの「過去から現在、そして将来に至る生命の集合体」としては生きられるのかもしれません。

長々となりましたが伯父様のますますのご活躍を心よりお祈り申し上げます。返信のメールが遅くなってしまい、申し訳ございませんでした。

令和2年6月

福山耕治

福山 隆（ふくやま・たかし）
陸上自衛隊元陸将。
1947年、長崎県生まれ。防衛大学校卒業後、陸上自衛隊に入隊。1990年外務省に出向。大韓民国防衛駐在官として朝鮮半島のインテリジェンスに関わる。1993年、連隊長として地下鉄サリン事件の除染作戦を指揮。西部方面総監部幕僚長・陸将で2005年に退官。ハーバード大学アジアセンター上級研究員を経て、現在は執筆・講演活動を続けている。著書に『防衛駐在官という任務』『米中経済戦争』（ともに、ワニブックス【PLUS】新書）、西村幸祐氏との共著に『「武漢ウイルス」後の新世界秩序』（ワニ・プラス）などがある。

閣下と孫の「生き物すごいぞ！」

2020年8月10日　初版発行

著　者　福山 隆
発行者　佐藤俊彦
発行所　株式会社ワニ・プラス
〒150-8482 東京都渋谷区恵比寿4-4-9 えびす大黒ビル7F
電話　03-5449-2171（編集）
発売元　株式会社ワニブックス
〒150-8482 東京都渋谷区恵比寿4-4-9 えびす大黒ビル
電話　03-5449-2711（代表）

ブックデザイン　前橋隆道　進藤航
印刷・製本所　中央精版印刷株式会社

ISBN 978-4-8470-9941-0
ワニブックスHP https://www.wani.co.jp